ZL胶粉聚苯颗粒保温材料外墙外保温技术百问

建设部科技发展促进中心
北京振利高新技术公司

中国建筑工业出版社

图书在版编目(CIP)数据

ZL胶粉聚苯颗粒保温材料外墙外保温技术百问/建设部科技发展促进中心编．—北京：中国建筑工业出版社，2002

ISBN 7-112-05060-X

Ⅰ．Z… Ⅱ．建… Ⅲ．建筑材料：保温材料—问答 Ⅳ．TU55-44

中国版本图书馆CIP数据核字(2002)第017321号

**ZL胶粉聚苯颗粒保温材料
外墙外保温技术百问**
建设部科技发展促进中心
北京振利高新技术公司

*

中国建筑工业出版社出版、发行(北京西郊百万庄)
新华书店经销
北京中科印刷有限公司印刷

*

开本：787×1092毫米 1/16 印张：6 1/2 字数：157千字
2002年4月第一版 2006年9月第二次印刷
印数：8001—9500册 定价：12.00元
<u>ISBN 7-112-05060-X</u>
TU·4507(10587)

版权所有 翻印必究
如有印装质量问题，可寄本社退换
(邮政编码100037)

本社网址：http://www.china-abp.com.cn
网上书店：http://www.china-building.com.cn

编 委 会

顾　　　问：姚　兵　赖　明　武　涌　陈宜明
主　　　任：张庆风
执行主任：涂逢祥　林　寿　滕绍华
副　主　任：方展和　韩爱兴　孙克放　韩立群　黄振利
编　　　委：（按姓氏笔画排序）

　　　　　　开　彦　　王建中　　冯　雅　　冯长锁　　冯葆纯　　任　俊
　　　　　　刘小军　　刘文林　　刘晓钟　　朱长禧　　杜国明　　李　萍
　　　　　　李殿民　　张玉萍　　张在玲　　张恒业　　张忠秀　　陈国义
　　　　　　陈建军　　迟殿谋　　杨　淳　　郎泗维　　林彩富　　祝根立
　　　　　　郭　民　　顾启浩　　徐韩忠　　黄鸿翔　　游广才　　蒋太珍

撰　　　稿：（按姓氏笔画排序）

　　　　　　王立长　　王庆生　　王兵涛　　王建康　　王冠华　　王美珺
　　　　　　王殿池　　白胜芳　　朱　青　　刘　钢　　刘九红　　刘树奇
　　　　　　孙四海　　孙佳晋　　李东毅　　李晓明　　宋广春　　杜文英
　　　　　　张　婧　　张树君　　张桂宝　　陆　靖　　陈全良　　陈建国
　　　　　　佟贵森　　杨西伟　　杨明义　　杨星虎　　杨维菊　　杨善勤
　　　　　　周占环　　周明浩　　林海燕　　林燕成　　金鸿祥　　赵　旭
　　　　　　赵玉章　　赵俊卿　　赵惠清　　顾同曾　　夏祖宏　　钱艳荣
　　　　　　徐晨辉　　梁祖建　　程绍革　　彭家惠

前　言

节能是涉及人类可持续发展和生存环境的大课题，其战略目标不仅是要节约有限的资源，造福子孙万代，同时也是要改善被能耗所污染的环境，使人类赖以生存的空间更洁净、更舒适。作为节能的主要内容，建筑节能近些年来越来越被人们所重视，用最少的能耗和对大气最低限度的污染达到高舒适度的居住环境是人们刻意追求的目标。

目前，建筑物围护结构的保温技术通过人们大量的工程实践，已形成一个新的建筑门类和产业。在无数有识之士的共同努力下，很多好的保温材料和新的构造做法被广泛应用在围护结构中，其中包括建筑物的墙体、屋面以及地面，为提高人们的居住环境做出了积极的贡献。

在各种外墙保温技术体系中，北京振利高新技术公司开发研制的"ZL胶粉聚苯颗粒保温材料及外墙保温成套技术"（以下称该成套技术）是目前我国技术水平达到国际先进，产品配套齐全，能系统有效地解决保温隔热、抗裂、抗风压、抗震、耐火、憎水、耐候、透气等问题的新型外墙保温技术体系。该成套技术确立了"外保温优于内保温"的技术理念，其科学性就在于外保温有利于建筑物外围护结构的保护，有效地避免了内保温给建筑结构带来的不安定性；确立了外墙外保温"逐层渐变柔性抗裂的技术路线"，彻底解决了外保温面层易出现裂缝的关键性技术难题，同时实现了涂料、粘贴面砖等保温饰面层做法的多样化；确立了外墙外保温无空腔体系作法，杜绝了风压特别是负风压对高层建筑保温层的破坏。

本书就该成套技术应用于建筑围护结构，特别是墙体保温工程所涉及的对外墙保温的理念、保温材料的技术标准、技术体系、构造原理、施工工艺、质量控制以及经济分析等方面的问题以问答方式进行介绍，目的是使人们对墙体保温工程有更深的了解，进而推动墙体保温工程的实施。

由于编写时间仓促，书中难免存在一些错误和纰漏，希望专家和读者不吝指教。

2002 年 3 月 17 日

目 录

第一章 技 术 理 念

1. 外墙外保温主要有哪些优点? ······ 1
2. 采用外保温方案的墙体需要解决的关键技术问题主要有哪些? ······ 2
3. 我国早期的外保温墙体防护面层产生裂缝的材料技术误区在哪里? ······ 2
4. 墙体保温面层产生裂缝的主要原因是什么? ······ 3
5. 外墙外保温对保温材料体系的要求主要有哪些? ······ 3
6. 对高层建筑外墙外保温层的破坏力量主要有哪些? ······ 3
7. 高层建筑外墙外保温层容易忽视的破坏力量是什么? ······ 4
8. 什么是风荷载?为什么说负风压会对有空腔保温墙面带来不利影响? ······ 4
9. 高层建筑采用外保温方案的风压安全系数如何?应采取什么措施提高
   高层建筑的抗风压性能? ······ 4
10. 成功解决外墙外保温裂缝应遵循的主要原则和采用的技术路线是什么?
    其构造设计要点是什么? ······ 4
11. 控制裂缝宽度的经验公式是什么? ······ 5
12. 保温墙体裂缝应如何评定? ······ 5
13. 为什么说外墙内保温不利于建筑物外围护结构的保护? ······ 5
14. 为什么在我国建筑节能起步阶段内保温墙体有着广泛的应用? ······ 6
15. 外墙内保温有哪些缺点? ······ 6
16. 为什么说内保温板裂缝现象是一种较普遍现象? ······ 6
17. 为什么内保温的外墙面装饰不宜贴面砖? ······ 6
18. 为什么外保温墙面要选用有一定变形量的水泥砂浆粘贴面砖? ······ 6
19. 相对于外墙内保温,外墙外保温的经济性综合优势主要体现在哪些方面? ······ 7
20. 为什么我国夏热冬冷地区也积极推广应用外墙外保温? ······ 7
21. 为什么说国内墙外保温施工要比国外墙外保温施工难度大? ······ 7
22. 在中国建筑科学研究院建筑物理研究所的《墙体传热的三维模拟分析》中,内外保温墙体的
    传热系数计算结果是什么? ······ 7
23. 《墙体传热的三维模拟分析》的结论是什么? ······ 8

第二章 技 术 构 造

第一节 总则 ······ 9

24. ZL胶粉聚苯颗粒保温材料及其成套技术的技术来源是什么? ······ 9
25. ZL胶粉聚苯颗粒保温材料及其成套技术经历了哪些发展阶段? ······ 9
26. ZL胶粉聚苯颗粒保温材料及其成套技术的适用范围是什么? ······ 10
27. "ZL胶粉聚苯颗粒保温材料及外墙内保温技术"鉴定的结论是什么? ······ 10
28. ZL胶粉聚苯颗粒保温材料外墙内保温工法是在什么时候被建设部批准为国家级工法的? ······ 10
29. "ZL胶粉聚苯颗粒保温材料及外墙外保温工程技术"的鉴定结论是什么? ······ 10
30. ZL胶粉聚苯颗粒保温材料外墙外保温工法是在什么时候被建设部批准为国家级工法的? ······ 11

31． "ZL 胶粉聚苯颗粒保温材料及其高层外墙外保温成套技术"建设部科技成果评估会的评估意见是什么？ 11

第二节　基本原理 11

32．ZL 胶粉聚苯颗粒保温材料及其成套技术包括哪几种构造作法？ 11
33．ZL 胶粉聚苯颗粒保温材料及其成套技术的构造设计的抗裂机理是什么？ 12
34．ZL 胶粉聚苯颗粒保温材料及其成套技术各构造层的允许变形量是如何设定的？ 12
35．ZL 胶粉聚苯颗粒保温材料及其成套技术各构造层的抗裂构造设计是怎样的？ 12
36．与 ZL 胶粉聚苯颗粒保温材料及其成套技术配套开发的主要材料有哪些？ 13
37．在什么情况下使用 ZL 界面处理砂浆，主要解决哪些技术问题？要求如何？ 13
38．ZL 胶粉聚苯颗粒保温浆料是由什么组成的，其性能特点是什么？ 13
39．ZL 胶粉料的主要构成成分有哪些？ 14
40．ZL 胶粉聚苯颗粒保温层设计依据是什么？ 14
41．ZL 胶粉聚苯颗粒保温浆料与其他浆体材料的区别是什么？具有什么优势？ 14
42．ZL 胶粉聚苯颗粒保温材料与水泥砂浆的根本区别是什么？ 15
43．ZL 胶粉聚苯颗粒抗裂防护层材料设计考虑的因素主要有哪些？ 15
44．ZL 水泥抗裂砂浆是如何增加柔性变形性能的？ 15
45．抗裂防护层的软钢筋是指什么？在抗裂防护层中起什么作用？应选用何种规格？ 15
46．什么是耐碱强度保持率？如何测定？耐碱涂塑玻璃纤维网格布的耐碱强度保持率应是多少？ 16
47．为什么饰面基层刮腻子找平，严禁采用水泥类刚性高强度腻子而应采用 ZL 抗裂柔性耐水腻子？它解决了什么技术难题？ 16
48．如何使 ZL 抗裂柔性耐水腻子满足变形量 10% 的要求？ 16
49．ZL 高分子乳液弹性底层涂料的作用是什么？其性能特点如何？ 16
50．ZL 胶粉聚苯颗粒外饰面层材料可采用什么？ 17
51．ZL 胶粉聚苯颗粒保温材料及其成套技术的其他配套材料是什么？有何要求？ 17

第三节　性能指标 17

52．水泥的主要性能指标是什么？ 17
53．中砂的主要性能指标是什么？ 17
54．ZL 界面处理剂的主要性能指标是什么？ 17
55．ZL 胶粉料的主要性能指标是什么？ 17
56．聚苯颗粒轻骨料的主要性能指标是什么？ 17
57．ZL 水泥抗裂砂浆的主要性能指标是什么？ 17
58．ZL 耐碱涂塑玻璃纤维网格布的主要性能指标是什么？ 18
59．ZL 高分子乳液弹性底层涂料的主要性能指标是什么？ 18
60．ZL 抗裂柔性耐水腻子的主要性能指标是什么？ 19
61．ZL 胶粉聚苯颗粒保温浆料的主要性能指标是什么？ 19
62．ZL 胶粉聚苯颗粒外墙外保温体系的主要性能指标是什么？ 19

第四节　材料测试论证 20

63．ZL 界面处理剂的性能测试数据是什么？ 20
64．ZL 胶粉聚苯颗粒保温浆料的性能测试数据是什么？ 20
65．ZL 水泥砂浆抗裂剂的性能测试数据是什么？ 20
66．ZL 耐碱涂塑玻璃纤维网格布的性能测试数据是什么？ 20
67．ZL 抗裂柔性耐水腻子的性能测试数据是什么？ 21

68. ZL高分子乳液弹性底层涂料的性能测试数据是什么？ ……………………………… 21
   第五节　ZL胶粉聚苯颗粒外墙外保温技术 ………………………………………………… 22
69. ZL胶粉聚苯颗粒外墙外保温技术的基本构造是什么？ …………………………… 22
70. 建筑物高度不超过30m、饰面为涂料做法的外保温构造是什么？ ……………… 22
71. 建筑物高度超过30m且保温层厚度大于60mm、饰面为涂料做法的
   高层外保温构造是什么？ ………………………………………………………… 23
72. ZL胶粉聚苯颗粒外墙外保温技术施工的优越性体现在哪里？ …………………… 23
73. 为什么说ZL胶粉聚苯颗粒外墙外保温技术是针对国内建筑外墙外保温的需求而开发的
   成套技术？ ………………………………………………………………………… 23
74. ZL胶粉聚苯颗粒外墙外保温技术的技术创新点主要体现在哪几个方面？ ……… 24
75. 为什么说ZL胶粉聚苯颗粒外墙外保温技术可适应高层建筑结构变形要求？ …… 24
76. 为什么说ZL胶粉聚苯颗粒保温材料外保温墙饰面层可粘贴面砖？ ……………… 25
77. ZL胶粉聚苯颗粒外墙外保温技术的工程造价优势是什么？ ……………………… 25
   第六节　ZL现浇混凝土复合有网聚苯板聚苯颗粒外墙外保温技术 …………………… 25
78. ZL现浇混凝土复合有网聚苯板聚苯颗粒外墙外保温技术的基本构造是什么？ … 25
79. ZL现浇混凝土复合有网聚苯板聚苯颗粒外墙外保温技术主要解决了哪些技术难题？ … 25
80. 为什么说钢丝网架聚苯乙烯芯板组合浇注混凝土体系宜采用ZL胶粉聚苯颗粒保温浆料
   作为找平及补充保温材料？ ……………………………………………………… 26
81. 在钢丝网架聚苯乙烯芯板组合浇注混凝土体系中，采用ZL胶粉聚苯颗粒保温浆料作补充
   保温实际可以提高多少热工性能？ ……………………………………………… 26
82. 钢丝网架聚苯乙烯芯板复合聚苯颗粒后热工性能的检验结果是什么？ ………… 27
   第七节　ZL现浇混凝土复合无网聚苯板聚苯颗粒外墙外保温技术 …………………… 27
83. ZL现浇混凝土复合无网聚苯板聚苯颗粒外墙外保温技术的基本构造是什么？ … 27
84. 在组合浇注混凝土体系中，对发泡聚苯乙烯板的材质有哪些要求？ …………… 27
85. EPS板与混凝土共同组成复合墙体时，其厚度如何确定？ ……………………… 28
86. EPS板的加工形式是怎样的？ …………………………………………………… 28
87. 为什么在无网EPS板组合浇注混凝土外墙外保温体系中，宜采用带燕尾槽的EPS？ … 29
88. 什么是ZL喷砂界面剂？其性能指标是什么？ …………………………………… 29
89. ZL喷砂界面剂是怎样处理组合浇注混凝土体系中的聚苯板表面的？ …………… 29
90. ZL喷砂界面剂的性能测试数据是什么？ ………………………………………… 29
91. ZL喷砂界面剂粘结强度的现场实测结果是什么？ ……………………………… 30
92. 如何施工EPS外墙外保温复合模板？ …………………………………………… 31
93. EPS外墙外保温复合模板的施工质量标准是什么？ …………………………… 32
94. 采用EPS外墙外保温复合模板施工的优点是什么？ …………………………… 32
95. 为什么在聚苯板组合浇注混凝土体系中需选用ZL胶粉聚苯颗粒保温浆料进行修补找平？
   与采用普通水泥砂浆比较，其优点是什么？ …………………………………… 33
96. 北京市建筑设计研究院宿舍楼抹ZL胶粉聚苯颗粒保温浆料前后热工
   性能指标实测结果是什么？ ……………………………………………………… 33
97. 北京市建筑设计研究院宿舍楼组合浇注聚苯板体系冻融试验的检测结果是什么？ … 33
98. ZL现浇混凝土复合无网聚苯板聚苯颗粒外墙外保温技术抗剪强度的检测结果是什么？ … 34
99. ZL现浇混凝土复合无网聚苯板聚苯颗粒外墙外保温技术主要解决了哪些技术难题？ … 34
100. ZL现浇混凝土复合无网聚苯板聚苯颗粒外墙外保温技术的技术控制点是什么？ … 34
   第八节　ZL岩棉聚苯颗粒外墙外保温技术 ……………………………………………… 35

101. 什么是岩棉？具有什么特性和类型？ ………………………………………………… 35
102. 在我国目前岩棉作为保温材料没有得到推广应用的原因是什么？ ………………… 35
103. 当前岩棉板的具体类型有哪些？各有什么特点？ …………………………………… 35
104. 不同类型的岩棉板的成型机理是什么？ ……………………………………………… 35
105. 不同类型的岩棉板的导热系数有何差异？其原因是什么？ ………………………… 36
106. 在我国岩棉外墙外保温开发过程中，主要存在哪些技术难题？ …………………… 36
107. 岩棉外墙外保温的一般特点是什么？ ………………………………………………… 36
108. 不同类型的岩棉板在建筑物外墙外保温中适用的高度范围是什么？其计算依据是什么？ … 37
109. 为什么要开发 ZL 岩棉聚苯颗粒外墙外保温技术？ ………………………………… 37
110. ZL 岩棉聚苯颗粒外墙外保温技术的基本构造是什么？其优点是什么？ ………… 37
111. 岩棉板的固定方式主要有哪些？如何确定其机械固定件？ ………………………… 37
112. ZL 岩棉聚苯颗粒外墙外保温技术对界面剂的要求是什么？ZL 喷砂界面剂的作用是什么？ ………………………………………………………………………………… 38
113. 在岩棉聚苯颗粒外墙外保温技术中，选用 ZL 胶粉聚苯颗粒保温浆料作外抹平层有哪些优点？ ………………………………………………………………………… 38
114. 在 ZL 岩棉聚苯颗粒外墙外保温技术中，为什么采用"双网结构"？具有什么作用？ … 38
115. 在 ZL 岩棉聚苯颗粒外墙外保温技术中，门窗洞口等特殊部位是如何处理的？ … 38
116. ZL 岩棉聚苯颗粒外墙外保温技术的外饰面层是如何处理的？ …………………… 38
117. 为什么说 ZL 岩棉聚苯颗粒外墙外保温技术是一种比较合理的外墙外保温技术？ … 38

第九节 ZL 框架砌体结构复合外墙外保温技术 …………………………………………… 39

118. 用于建筑保温的砌块主要有哪些？在这些砌块上进行抹灰处理的主要技术误区是什么？ … 39
119. 框架砌体结构墙面抹灰层开裂的主要原因是什么？ ………………………………… 39
120. 加气混凝土墙面抹灰层开裂的主要原因是什么？加气混凝土内、外墙抹灰层开裂的原因有何异同？ …………………………………………………………………… 39
121. 解决加气混凝土墙面抹灰层开裂问题的技术方案是什么？ ………………………… 40
122. 在框架砌体结构中，采用 ZL 胶粉聚苯颗粒保温浆料有什么优势？ ……………… 40
123. 为什么在内浇外砌粘土空心砖结构上，采用 ZL 胶粉聚苯颗粒保温材料进行复合保温是比较合理的选择？ ………………………………………………………………… 41
124. 为什么在混凝土空心砌块墙体上，宜选用 ZL 胶粉聚苯颗粒保温材料？ ………… 41

第十节 其他 ………………………………………………………………………………… 41

125. ZL 胶粉聚苯颗粒保温材料屋面保温技术应用范围如何？其优势如何？ ………… 41
126. 为什么说斜屋面保温采用 ZL 胶粉聚苯颗粒保温浆料是比较合理的方案之一？ … 41
127. 既有屋面翻修采用 ZL 胶粉聚苯颗粒保温材料及其成套技术的优势是什么？ …… 42
128. 如何采用 ZL 胶粉聚苯颗粒保温材料进行顶棚保温？ ……………………………… 42
129. 为什么说在既有建筑中，采用 ZL 胶粉聚苯颗粒保温材料进行改造是比较合理的选择之一？ ……………………………………………………………………………… 42
130. 楼梯间保温宜选用什么材料？ ………………………………………………………… 42
131. 分户墙保温宜选择什么材料？ ………………………………………………………… 42
132. 采用 ZL 胶粉聚苯颗粒保温材料做外墙内保温时，与外墙外保温做法有什么区别？ … 43
133. 什么是抗裂粉刷石膏？其性能如何？ ………………………………………………… 43

第三章 技术特征

第一节 热工性能 …………………………………………………………………………… 44

134. ZL 胶粉聚苯颗粒保温材料的保温热工性能是如何进行保证的？保证措施是什么？ … 44

135．ZL 胶粉聚苯颗粒保温材料热工性能的多年抽测结果是什么？ 44
136．ZL 胶粉聚苯颗粒保温材料热工性能的多年实验结果是什么？ 45
137．ZL 胶粉聚苯颗粒保温材料外保温墙体保温层的厚度如何确定？ 46
138．从材料构成角度分析,降低 ZL 胶粉聚苯颗粒保温材料导热系数有哪些有效措施？ 47
139．与其他聚苯类保温材料相比,为什么说 ZL 胶粉聚苯颗粒保温材料具有更好的隔热性能？ 47

第二节 技术优势
140．ZL 胶粉聚苯颗粒保温材料及其成套技术的技术特征是什么？ 47
141．为什么说 ZL 胶粉聚苯颗粒保温层体积安定性好而且干缩率低？ 48
142．为什么说 ZL 胶粉聚苯颗粒保温材料粘结强度高、触变性好？ 48
143．ZL 胶粉聚苯颗粒保温材料成套技术的耐冲击、耐磨检测结果是什么？ 48
144．ZL 胶粉聚苯颗粒保温材料的压缩强度、软化系数、耐水性是通过什么途径提高的？ 48
145．为什么说 ZL 胶粉聚苯颗粒保温材料憎水性好、透气性强？ 49
146．如何理解水蒸气渗透性指标？如何理解 ZL 胶粉聚苯颗粒保温材料及其成套技术的憎水性与水蒸气渗透性指标之间的关系？ 49
147．ZL 胶粉聚苯颗粒外墙外保温材料体系的耐冻融、憎水性检测结果是什么？ 50
148．ZL 胶粉聚苯颗粒保温材料及其成套技术的水蒸气渗透性检测结果是什么？ 50
149．ZL 胶粉聚苯颗粒外墙外保温体系的含水率的实测数据是什么？ 51
150．ZL 胶粉聚苯颗粒外墙外保温体系各层 pH 值是多少？其设计意图是什么？ 51
151．ZL 胶粉聚苯颗粒保温材料耐火性能等级为 B1 级,如何实现这项性能？ 51
152．什么是高层防火规范？为什么说 ZL 胶粉聚苯颗粒保温材料是一种耐火性能可达高层防火规范的材料？ 51
153．为什么说 ZL 胶粉聚苯颗粒保温材料耐候性好？ 52
154．ZL 胶粉聚苯颗粒外墙外保温体系的人工耐候性检测结果是什么？ 52
155．ZL 胶粉聚苯颗粒保温材料是如何确保施工操作性能良好的？ 52
156．为什么说 ZL 胶粉聚苯颗粒保温材料施工方便、配比准确、施工厚度易控制？ 52
157．ZL 胶粉聚苯颗粒保温材料对结构的找平修复作用是如何实现的？ 52
158．为什么说 ZL 胶粉聚苯颗粒保温材料及其成套技术是一种抗风压性能较好的体系？ 53
159．ZL 胶粉聚苯颗粒外墙外保温体系的抗震试验的基本情况是什么？ 53
160．ZL 胶粉聚苯颗粒外墙外保温体系抗震试验的试件成型情况及目的是什么？ 54
161．ZL 胶粉聚苯颗粒外墙外保温体系的抗震试验的结果是什么？ 56
162．ZL 胶粉聚苯颗粒外墙外保温体系的隔声机理是什么？ 56
163．ZL 胶粉聚苯颗粒外墙外保温体系的隔声性能如何？ 57
164．什么是生态建材？为什么说 ZL 胶粉聚苯颗粒保温材料是一种生态建材？ 59

第三节 经济造价
165．ZL 胶粉聚苯颗粒保温材料及其成套技术的性能价格比优是如何实现的？ 59

第四章 施 工 应 用

第一节 工艺流程
166．采用 ZL 胶粉聚苯颗粒保温材料进行施工的工艺文件主要有哪些？ 60
167．ZL 胶粉聚苯颗粒保温材料技术的基本工艺流程是什么？ 60
168．ZL 胶粉聚苯颗粒保温材料做法在保温层厚度大于 60mm 的工艺流程是什么？ 60
169．ZL 现浇混凝土复合有网聚苯板聚苯颗粒外墙外保温技术的工艺流程是什么？ 61
170．ZL 现浇混凝土复合无网聚苯板聚苯颗粒外墙外保温技术的工艺流程是什么？ 61

171. ZL胶粉聚苯颗粒外饰面粘贴面砖做法的基本工艺流程是什么？ 61
172. ZL胶粉聚苯颗粒外饰面干挂石材做法的工艺流程是什么？ 61
173. ZL胶粉聚苯颗粒保温材料平屋面保温技术的工艺流程是什么？ 61

第二节 作业指导 61

174. ZL胶粉聚苯颗粒保温材料及外墙外保温成套技术的作业条件是什么？ 61
175. 基层清理有哪些要求？ 62
176. ZL胶粉聚苯颗粒保温材料进场验收内容？ 62
177. ZL胶粉聚苯颗粒保温材料的储存条件有哪些？ 62
178. ZL胶粉聚苯颗粒保温材料施工现场的安全文明施工准备工作有哪些内容？ 62
179. 搅拌棚的搭设有哪些要求？ 62
180. 采用ZL胶粉聚苯颗粒保温材料及其成套技术施工时,其劳动组织如何配备？ 62
181. 根据基层材料的不同界面处理有哪几种方式？ 63
182. ZL胶粉聚苯颗粒保温材料施工中如何吊垂直、套方、弹控制线？ 63
183. 基层锚固中射钉、绑扎铅丝的选择及其施工要求？ 63
184. ZL胶粉聚苯颗粒保温材料的拌制配比及要求？ 63
185. ZL胶粉聚苯颗粒保温浆料的搅拌质量应如何控制？ 63
186. ZL胶粉聚苯颗粒保温层每次抹灰厚度最适宜为多少,各层有何区别？ 63
187. 如何抹好保温层？ 63
188. ZL胶粉聚苯颗粒外墙外保温层施工注意事项？ 64
189. 金属六角网的选择及施工要求？ 64
190. 如何施工色带？ 64
191. 怎样做滴水槽？ 64
192. 如何处理预留的线槽、线盒？ 64
193. 如何进行窗户后塞口的保温施工？ 65
194. 如何进行窗户先塞口的保温施工？ 65
195. 地下室顶棚保温抹灰施工应注意哪些问题？ 65
196. 抗裂砂浆的拌制要求？ 65
197. 为什么拌和抗裂砂浆时,必须先加入抗裂剂和砂子后加入水泥？ 65
198. 如何保证抗裂防护层的平整度？ 65
199. 在洞口四角沿45°方向为何要贴加强型耐碱网格布？ 65
200. 阴阳角处的耐碱网格布如何铺贴？ 66
201. 抗裂防护层施工时耐碱网格布为何不能干搭？ 66
202. 耐碱网格布有何搭接要求？ 66
203. 抗裂层施工注意事项？ 66
204. ZL胶粉聚苯颗粒外墙外保温首层外墙施工应注意哪些问题？ 66
205. 脚手眼等后施工孔洞应如何修补？ 66
206. ZL胶粉聚苯颗粒保温材料屋面保温技术的作业条件是什么？ 67
207. 屋面保温层施工应注意哪些事项？ 67
208. 屋面保温层施工有哪些要求？ 67
209. 怎样进行屋面保温施工材料的准备？ 67
210. 炎热天气施工时,采用ZL胶粉聚苯颗粒保温材料应注意哪些问题？ 67
211. ZL胶粉聚苯颗粒保温材料施工后的成品保护应注意哪些事项？ 68
212. 外墙外保温工程施工时的安全管理措施有哪些？ 68

第三节　涂料饰面做法

213．外墙外保温饰面涂料做法的涂层系统结构是怎样的？ 68
214．适用于外墙外保温体系的外饰面涂料应具备什么性能？ 68
215．ZL 胶粉聚苯颗粒外墙外保温成套技术所选用的配套面层涂料主要有哪些？ 68
216．外墙外保温饰面涂料做法的基层如何处理？ 68
217．外墙外保温饰面涂料做法的基层处理应选用什么样的材料？ 69
218．外墙外保温饰面涂料做法为什么要选用底漆？ 69
219．选用底漆需考虑哪些因素？ 69
220．外墙外保温饰面涂料做法的主涂层应具哪些性能？ 69
221．外墙外保温饰面涂料做法应选择什么样性能的面涂涂料？ 69
222．平壁状装饰涂料的施工工艺是怎样的？ 69
223．薄质装饰涂料的施工工艺是怎样的？ 69
224．覆层装饰涂料的施工工艺是怎样的？ 69
225．涂料施工过程应注意哪些事项？ 69
226．涂料施工过程应避免哪些不良现象？其产生的原因是什么？ 70
227．涂料施工的验收质量要求是什么？ 72
228．浮雕涂料的特点是什么？ 73
229．喷涂弹性涂料时注意事项主要有什么？ 73
230．纯丙树脂高光外墙涂料在施工中应注意哪些事项？ 73

第四节　粘贴面砖饰面做法

231．ZL 胶粉聚苯颗粒保温材料饰面粘贴面砖技术的构造做法是什么？ 74
232．ZL 胶粉聚苯颗粒保温材料外饰面层粘贴面砖与涂料外饰面层施工时，其保温和抗裂的做法有何区别？ 74
233．面层为铺砖法施工时抗裂层应采用什么规格、尺寸的钢丝网？如何进行钢丝网的铺贴和锚固？其注意事项是什么？ 75
234．粘贴面砖施工的注意事项是什么？ 75
235．为什么在保温层上粘贴面砖，一定要用专用面砖粘合剂？ 75
236．专用面砖粘合剂的特点是什么？其性能指标如何？ 76
237．ZL 保温墙面砖专用胶液的性能测试数据是什么？ 76
238．柔性防水面砖嵌缝材料的特点是什么？其性能指标如何？ 76
239．ZL 胶粉聚苯颗粒保温体系饰面粘贴面砖的构造设计机理是什么？ 77
240．ZL 胶粉聚苯颗粒保温体系饰面层粘贴面砖的抗震试验结果是什么？ 77
241．ZL 胶粉聚苯颗粒保温体系饰面层粘贴面砖的抗冻融、压剪强度和粘结强度实验结果是什么？ 77
242．ZL 胶粉聚苯颗粒保温体系饰面层粘贴面砖的现场拉拔试验结果是什么？ 78

第五节　干挂石材饰面做法

243．ZL 胶粉聚苯颗粒保温材料饰面干挂石材的构造做法是什么？ 79
244．在干挂石材工程中，采用 ZL 胶粉聚苯颗粒保温材料进行保温的优势是什么？ 79

第六节　施工机具

245．ZL 胶粉聚苯颗粒保温材料及其外墙外保温成套技术施工应用的机具设备有哪些？ 79
246．ZL 胶粉聚苯颗粒保温材料屋面保温施工工具有哪些？ 80
247．JFYM50 型建筑施工分体式附着升降脚手架技术装备的结构组成是什么？ 80
248．JFYM50 型建筑施工分体式附着升降脚手架技术装备的主要特点是什么？ 80

249. JFYM50 型建筑施工分体式附着升降脚手架技术装备的主要技术性能参数是什么? …… 80
250. JFYM50 型建筑施工分体式附着升降脚手架技术装备的工艺流程如何? …………… 81
251. 采用 JFYM50 型建筑施工分体式附着升降脚手架技术装备进行施工作业,其技术经济优势是什么? ……………………………………………………………………………………… 82

第七节 质量要求

252. ZL 胶粉聚苯颗粒保温材料的产品质量保证措施主要有哪些? ……………………… 82
253. ZL 胶粉聚苯颗粒保温材料及其外墙外保温成套技术的施工检测控制点是什么? …… 83
254. ZL 胶粉聚苯颗粒保温材料及其外墙外保温成套技术的施工质量要求是什么? ……… 83
255. 窗户后塞口施工外保温有哪些特殊的检测标准? …………………………………… 84
256. 屋面保温的质量标准是什么? ……………………………………………………… 84

第八节 工程应用

257. ZL 胶粉聚苯颗粒保温材料及其成套技术的应用现状如何? ……………………… 84
258. ZL 胶粉聚苯颗粒外墙外保温技术是在哪个工程上首次应用,其基本情况如何? …… 84
259. ZL 现浇混凝土复合有网聚苯板聚苯颗粒外墙外保温技术是在哪个工程上首次应用,其基本情况如何? ……………………………………………………………………………… 84
260. ZL 现浇混凝土复合无网聚苯板聚苯颗粒外墙外保温技术是在哪个工程上首次应用,其基本情况如何? ……………………………………………………………………………… 85
261. ZL 胶粉聚苯颗粒保温材料高层外墙外保温技术是在哪个工程上首次应用,其基本情况如何? ……………………………………………………………………………………… 86
262. ZL 框架轻体结构复合外墙外保温技术是在哪个工程上首次应用,其基本情况如何? …… 86
263. ZL 混凝土空心砌块结构复合外墙外保温技术是在哪个工程上首次应用,其基本情况如何? ……………………………………………………………………………………… 86
264. ZL 胶粉聚苯颗粒保温材料斜屋面保温技术是在哪个工程上首次应用,其基本情况如何? … 87
265. ZL 胶粉聚苯颗粒既有建筑节能改造和修裂技术是在哪个工程上首次应用,其基本情况如何? ……………………………………………………………………………………… 87
266. ZL 胶粉聚苯颗粒外饰面层粘贴面砖技术是在哪个工程上首次应用,其基本情况如何? … 88
267. ZL 胶粉聚苯颗粒保温材料及其成套技术的用户评价如何? ……………………… 88

第五章 其 他

268. 编制 ZL 胶粉聚苯颗粒保温材料保温工程补充定额的依据是什么? ……………… 89
269. ZL 胶粉聚苯颗粒材料保温工程概算定额适用范围是什么? ……………………… 89
270. 保温工程报价之前应掌握哪些工程概况? ………………………………………… 89
271. ZL 胶粉聚苯颗粒保温材料保温工程材料价格如何取定? ………………………… 89
272. ZL 胶粉聚苯颗粒保温材料保温工程用工和机械消耗量如何取定? ……………… 89
273. ZL 胶粉聚苯颗粒保温材料保温工程的工程量计算遵循什么? …………………… 89
274. 北京振利高新技术公司的网址名称是什么?其主要内容主要有哪些? …………… 90
275. ZL 胶粉聚苯颗粒保温材料及其外墙外保温成套技术的经营合作方式是什么? …… 90

参考文献 ……………………………………………………………………………… 91

第一章 技术理念

1. 外墙外保温主要有哪些优点？

相对于外墙内保温，外墙外保温主要有以下优点：

（1）适用范围广

外保温适用于采暖和空调的工业与民用建筑，既可用于新建工程，又可用于旧房改造，适用范围较广。

（2）保护主体结构，延长建筑物的寿命

采用外墙外保温方案，由于保温层置于建筑物围护结构外侧，缓冲了因温度变化导致结构变形产生的应力，避免了雨、雪、冻、融、干、湿循环造成的结构破坏，减少了空气中有害气体和紫外线对围护结构的侵蚀。事实证明，只要墙体和屋面保温隔热材料选材适当，厚度合理，外保温可有效防止和减少墙体和屋面的温度变形，有效地消除了顶层横墙常见的斜裂缝或八字裂缝。因此，外保温既可减少围护结构的温度应力，又对主体结构起保护作用，从而有效地提高了主体结构的耐久性，故比内保温更科学合理。

（3）基本消除了"热桥"的影响

采用外保温在避免"热桥"方面比内保温更有利，如在内外墙交界部位、外墙圈梁、构造柱、框架梁、柱、门窗洞口以及顶层女儿墙与屋面板交界周边所产生的"热桥"。经统计，底层房间"热桥"附加热负荷约占总热负荷的 23.7%；中间层房间占 21.7%；顶层房间占 24.3%。可见，"热桥"的影响还是较大的。上述"热桥"对内保温和夹心保温而言，几乎难以避免，而外保温既可防止"热桥"部位产生的结露，又可消除"热桥"造成的附加热损失。计算表明，在厚度为 370mm 砖墙内保温条件下，周边"热桥"使墙体平均传热系数比主体部位传热系数增加 10% 左右；在厚度为 240mm 砖墙内保温条件下，周边"热桥"使平均传热系数比主体部位传热系数约增加 51%～59%，而在厚度为 240mm 砖墙外保温条件下，这种影响仅 2%～5%。

（4）使墙体潮湿情况得到改善

一般情况下，内保温须设置隔汽层，而采用外保温时，由于蒸汽渗透性高的主体结构材料处于保温层的内侧，用稳态传湿理论进行冷凝分析，只要保温材料选材适当，在墙体内部一般不会发生冷凝现象，故无需设置隔汽层。同时，由于采取外保温措施后，结构层的整个墙身温度提高了，降低了它的含湿量，因而进一步改善了墙体的保温性能。

（5）有利于室温保持稳定

外保温墙体由于蓄热能力较大的结构层在墙体内侧，当室内受到不稳定热作用，室内空气温度上升或下降时，墙体结构层能够吸收或释放热量，故有利于室温保持稳定。

（6）有利于提高墙体的防水和气密性

加气混凝土、混凝土空心砌块等墙体，在砌筑灰缝和面砖粘贴不密实的情况下，其防水和气密性较差，采用外保温构造，则可大大提高墙体的防水和气密性能。

(7) 有利于改善室内热环境质量

室内热环境质量受室内空气温度和围护结构表面温度的影响。如采用外保温墙体，全面提高墙体的保温性能，则有利于保持室内空气和墙体内表面有较高温度，从而有利于改善室内热环境。

(8) 便于旧建筑物进行节能改造

20世纪80年代以前建造的工业与民用建筑一般都不满足节能要求。因此，对旧房进行节能改造，已提上议事日程。与内保温相比，采用外保温方式对旧房进行节能改造，其最大优点之一是无需临时搬迁，基本不影响用户的室内活动和正常生活。

(9) 可减少保温材料用量

在达到同样节能效果的条件下，采用外保温墙体，由于基本消除了"热桥"的影响，故可以节约保温材料用量。据统计，以北京、沈阳、哈尔滨、兰州四城市的塔式建筑为例，与内保温相比，保温材料分别可省44%（北京）；48%（沈阳）；58%（哈尔滨）；45%（兰州）。

(10) 增加房屋的使用面积

由于保温材料贴在墙体的外侧，其保温、隔热效果优于内保温和夹心保温，故可使主体结构墙体减薄，从而增加每户的使用面积。据统计，以北京、沈阳、哈尔滨、兰州的塔式建筑为例：当主体结构为实心砖墙时，每户使用面积分别可增加 $1.2 m^2$（北京）；$2.4 m^2$（沈阳）；$4.2 m^2$（哈尔滨）；$1.3 m^2$（兰州）。当主体结构为混凝土空心砌块时，每户使用面积分别可增加 $1.6 m^2$（北京）；$2.5 m^2$（沈阳）；$4.6 m^2$（哈尔滨）；$1.7 m^2$（兰州）。可见，其经济效益是十分显著的。

以上所述外墙外保温十大优点可以看出，无论从建筑节能的机理或从实际节能效果来衡量，外保温做法是最佳选择。在国外采用外保温的建筑已有40余年的历史，近年来，在我国北京、天津、兰州、沈阳、大连、哈尔滨、太原、山东、河北、新疆、浙江等地也相继建造了一批外保温的建筑，取得了良好的效果和较成功的经验。因此，在寒冷或严寒地区推广外保温节能方案乃是势在必行，也一定会在第二阶段的节能工作中，取得良好的经济效益、社会效益和环境效益。这种保温形式对夏热冬冷地区及炎热地区同样也会收到很好的节能效果。

2．采用外保温方案的墙体需要解决的关键技术问题主要有哪些？

外墙外保温是由功能分明的墙体结构层、保温层、保护层及饰面层四部分组成。做好外保温墙体的关键技术问题包括：

(1) 安全。保温层与结构层以及保温层与保护层应有良好的结构和安全的构造措施；

(2) 防裂。防止和消除保护层和饰面层出现裂缝，采取减少保温层及其保护层应力集中和收缩变形的措施；

(3) 耐久。解决好保护层与饰面层的抗老化和耐候性问题。

3．我国早期的外保温墙体防护面层产生裂缝的材料技术误区在哪里？

我国对外保温材料及施工技术的探索已有十几年的历史。在很长一个时期内，有相当多的工程存在保温墙面出现裂缝的技术难题，究其原因在于多种保温层做法、大多数防裂做法的选材及工艺均受"刚性防水技术路线"影响。在这种技术路线的影响下，采用的材料为预应力、高强、高弹性模量，没有留给温度应力充分释放的出路。实践证明，在以往外保温墙体的构造方案中，对温度应力的产生及释放考虑不充分，没有合理地采取释放温度应力的材料和构造做法，最终就会导致外保温墙体面层裂缝的产生。

4．墙体保温面层产生裂缝的主要原因是什么？
（1）内保温板缝的开裂主要由外围护墙体变形引发，外保温面层的开裂主要由保温层和饰面层温差和干缩变形而致；
（2）玻纤网格布抗拉强度不够或玻纤网格布耐碱强度保持率低或玻纤网格布所处的构造位置有误；
（3）钢丝网架聚苯乙烯芯板中水泥砂浆层厚度及配筋位置不易控制形成裂缝；
（4）保温层面层腻子强度过高；
（5）聚合物水泥砂浆柔性强度不相适应。

5．外墙外保温对保温材料体系的要求主要有哪些？
外墙外保温对保温材料体系的要求主要有：
（1）耐冻融、耐曝晒、抗风化、抗降解、耐老化性能高，总之具有良好的耐候性；
（2）基层变形适应性强，各层材料逐层渐变，能够及时传递和释放变形应力，防护面层不脱落、不开裂；
（3）导热系数低，热稳定性能好；
（4）憎水性好，透气性强，能有效避免水蒸气迁移过程中出现墙体内部的结露现象；
（5）耐火等级高，在明火状态下不应产生大量有毒气体；
（6）柔性强度相适应，抗冲击能力强。

6．对高层建筑外墙外保温层的破坏力量主要有哪些？
对高层建筑外墙外保温层的破坏力量主要有五种，它们是：
（1）热应力。由温差变化导致的热胀冷缩，会引起非结构构造的体积变化，从而使之始终处于一种不稳定状态，因此，热应力是高层建筑外墙外保温层的主要破坏力量之一。相对于多层或平房建筑，高层建筑由于外层接受阳光照射更强，热应力更大，变形也更大，因而在保温抗裂构造设计时，选用保温材料应满足柔性渐变的原则，外层材料的变形能力应高于内层材料的变形能力，逐层渐变。
（2）风压。一般地说，正风压产生推力，负风压产生吸力，对高层建筑外保温层均会造成很大的破坏，这就要求外保温层应具备相当的抗风压能力，而且就抗负风压而言，要求保温层无空腔，杜绝空气层，从而避免在风压特别是负风压状态下保温层内空气层的体积膨胀而造成对保温层的破坏。
（3）地震力。地震力会导致高层建筑结构和保温面层的挤压、剪切或扭曲变形，而保温面层刚性越大，承受的地震力就越大，引起的破坏就可能越严重。这就要求高层建筑外墙外保温材料在有相当附着力的前提下，必须满足柔性渐变的原则，以分散和消纳地震应力，尽量减轻保温层表面的荷载，防止在地震力的影响下保温层出现大面积开裂、剥离甚至脱落。
（4）水或水蒸气。为避免水或水蒸气对高层建筑的破坏，应选用憎水性好、水蒸气渗透性好的外保温材料，避免水或水蒸气在迁移过程中出现墙体结露或保温层内部含水率增高的现象，提高高层建筑外保温层的耐雨水侵蚀以及抗冻融能力。
（5）火灾。高层建筑比多层建筑的防火等级要求更高，高层建筑的保温层应具有更好的抗火灾功能，并应具有在火灾情况下防止火灾蔓延和防止释放烟尘或有毒气体的特性，材料强度和体积也不能损失降低过多，面层无爆裂、无塌落，否则，就会给住户或消防人员造成伤害，对施救工作造成巨大的困难。

7. 高层建筑外墙外保温层容易忽视的破坏力量是什么？

负风压是高层建筑外墙外保温层比较容易忽视的破坏力量。由于负风压对建筑物的破坏力与建筑物的高度成正比例变化，高层建筑要比多层建筑承受更大的负风压。在对高层建筑进行外墙外保温时，这就要求所选用的材料必须能够避免空腔，杜绝空气层，从而避免在负压状态下保温层内空气层的体积膨胀而造成对保温层的破坏。

8. 什么是风荷载？为什么说负风压会对有空腔保温墙面带来不利影响？

建筑物的风荷载是指空气流动形成的风遇到建筑物时，在建筑物表面产生压力或吸力。风荷载的大小主要与近地风的性质、风速、风向有关，与建筑物所在地的地貌及周围环境有关，同时也与建筑物本身的高度、形状有关。

作用在保温层表面上的风荷载标准值应按下式计算：

$$W_k = \beta_2 \mu_s \mu_z \omega_o$$

式中　W_k——作用在保温层表面上的风荷载标准值；

　　　β_2——风振系数；

　　　μ_s——风荷载体型系数，按《建筑结构荷载规范》(GB 50009—2001)取值；

　　　μ_z——风压高度变化系数，按《建筑结构荷载规范》(GB 50009—2001)取值；

　　　ω_o——基本风压，kPa，按《建筑结构荷载规范》取值。

在北京市区设 $H=100m$ 基本风压 $\omega_o = 0.35 kN/m^2$

风荷载值为 $W_k = 2.25 \times 1.5 \times 1.79 \times 0.35 = 2.11 kN/m^2$

即每平方米面积会产生 2.11kN 的拉力（推力）。

风荷载作用于建筑物的压力分布是不均匀的，迎风面所受的为推力，为正风压；侧风面和背风面所受为吸力，为负风压。对有空腔的外保温体系来说，空腔内的压力基本是固定的，而保温墙外表面的风压是变化的，当保温墙面局部所受负风压较大时，空腔内与外表面的压力差必然会提高，从而向外产生一个推力，加大风荷载作用于保温墙面向外的吸力，由于内外压力差造成的对保温层向外的推力，往往是造成有空腔保温墙面破坏的主要因素之一。一般地说，风荷载作用随着建筑物的高度增加而增加，所以在高层建筑结构中，要特别重视风荷载对外保温层的影响。

9. 高层建筑采用外保温方案的风压安全系数如何？应采取什么措施提高高层建筑的抗风压性能？

按照建设部编制的外墙外保温技术规程（初稿）中 3.0.1 条款规定，高层建筑采用外保温方案的风压安全系数应大于 5。在高层建筑工程做外墙外保温，应充分重视风荷载对外墙外保温的破坏作用，在构造设计应尽可能地提高粘接面积，减少空腔，在此基础上还要做出补充的机械固定防护措施，以满足上述规范要求。

10. 成功解决外墙外保温裂缝应遵循的主要原则和采用的技术路线是什么？其构造设计要点是什么？

国外大面积推广外保温墙体已有 30 多年历史，国内采用外保温墙体也有 10 多年历史，对国内外取得成功的外保温材料和构造做法进行研究，不难发现，它们共同遵循了一条给温度应力释放的原则，保温体系材料均选用柔性软联接。

常规"刚性防水技术路线"（预应力、高强、高弹性模量）很难克服墙体保温面层开裂，采用"柔性渐变抗裂技术"可以有效地控制保温层表面裂缝的产生。

柔性渐变抗裂技术路线的构造设计要点是：保温体系各构造层外层的柔韧变形量高于内层的变形量，其弹性模量变化指标相匹配、逐层渐变，满足允许变形与限制变形相统一的原则，随时分散和消解温度应力。同时，在抗裂防护层采用软钢筋和多种纤维改变应力传递方向，防止各种变形应力集中发生的可能。

11．控制裂缝宽度的经验公式是什么？

控制裂缝宽度的经验公式为：

$$L = 4dR/\eta$$

式中　L——裂缝宽度；

　　　d——弹性层厚度；

　　　R——弹性材料伸长能力；

　　　η——防裂层与基层粘接强度。

12．保温墙体裂缝应如何评定？

保温墙体裂缝评定标准（建议稿）见表1。

保温墙体裂缝评定标准（建议）　　　　　　　　　　表1

等级	检验时间	裂缝长度（含分格缝中发生的裂缝）(mm)	宽度(mm)	面积发生率	空鼓	经一冬一夏保温墙面评定标准（升一级）
1优	3个月	0	0	0	无	—
2良	3个月	20	0.05	5条/40m²	无	1优
3中	3个月	100	0.2	5条/40m²	无	2良
4差	3个月	400	0.5	5条/40m²	有	3中
5劣	3个月	1000	1	5条/40m²	有	4差

说明：

① 本标准适用于内、外保温材料面层发生的裂缝等级评定。

② 判定裂缝宽度应用带刻度的十倍放大镜观察，一般肉眼可见的裂缝宽约为0.03～0.05mm。判定裂缝长度：一般肉眼可观察的裂缝不论宽窄应延续计算。

③ 参加评优工程，裂缝宽度经一冬一夏后再评定。

④ 外墙裂缝合格标准参照规范的规定提出。

⑤ 有玻纤网格布的墙面空鼓而不裂面积不大于400cm²者，可不按空鼓评定，不累积计算。

⑥ 等级4、5应视为不合格。

13．为什么说外墙内保温不利于建筑物外围护结构的保护？

在冬季采暖、夏季制冷的建筑中，室内温度随昼夜和季节的变化幅度通常不大（约为10℃左右），这种温度变化引起建筑物内墙和楼板的线性变形和体积变化也不大。但是，外墙和屋面受室外温度和太阳辐射热的作用而引起的温度变化幅度较大（可达20～40℃）。因此，外墙和屋面的线性变化和体积变化比内墙和楼板要大。实验表明，混凝土制品在温差20℃时其体积变形量为万分之二，50m高的建筑物其内外墙体的温度变形差值为10mm，15m宽的山墙昼夜温差变形量为3mm。内外墙体温度变形的这种正负差值，会给建筑物结构带来很大的不安定性。采取内保温形式，不能有效解决建筑物结构的这种不安定性，常常导致结构变形的应力释放区的墙面产生裂缝，以及破坏沿外墙的屋面防水等。因此，外墙内保温不利于建筑物外围护结构的保护。

14．为什么在我国建筑节能起步阶段内保温墙体有着广泛的应用？

在我国建筑节能技术发展的起步阶段，内保温墙体有着广泛的应用，这是因为：当时外保温技术还不太成熟，我国的节能标准对围护结构的保温要求较低，且内保温有其一定的优点，如造价低、安装方便等。但是，从长远观点看，随着我国节能标准的提高，由原来的30%提高到50%，内保温做法已不适应新的形势，且给建筑物某些不利影响，因此，它只能是某些地区的一种过渡性做法，在寒冷地区特别是严寒地区应逐步予以淘汰。

15．外墙内保温有哪些缺点？

外墙内保温主要存在如下缺点：

（1）保温隔热效果差，外墙平均传热系数高；

（2）热桥保温处理困难，不处理易出现结露现象；

（3）占用室内使用面积；

（4）不利于室内装修，包括重物钉挂困难等；

（5）不便于既有建筑的节能改造；

（6）保温层易出现裂缝。由于外墙受到的温差大，直接影响到墙体内表面应力变化，这种变化一般比外保温墙体大得多。昼夜和四季的交替，易引起内表面保温层的开裂，特别是保温板之间的缝隙尤为明显。实践证明，外墙内保温容易在下列部位引起开裂或产生"热桥"，如外墙内保温采用保温板的板缝部位、顶层建筑女儿墙沿屋面板的底部部位、两种不同材料在外墙同一表面的接缝部位、内外墙之间丁字墙部位以及外墙外侧的悬挑构件部位等。

16．为什么说内保温板裂缝现象是一种较普遍现象？

内保温板材出现裂缝是外围护墙体受环境温度影响发生变化而引起的。外围护墙体由于昼夜和季节受室外气温和太阳辐射热的影响而发生胀缩，而内墙保温板基本不受这种室外影响，当室外温度低于室内温度时，外墙收缩的幅度比内保温板的速度快，当室外气温高于室内气温时，外墙膨胀的速度高于内保温板，这种反复形变使内保温板始终处于一种不稳定的基础上。根据资料和实测证明，3m宽的混凝土墙面在20℃的温差变化条件下约发生0.6mm的形变。这样，反方向形变量无疑会逐一拉开所有的内保温板缝，因此说内保温板出现裂缝是一种比较普遍发生的现象。

17．为什么内保温的外墙面装饰不宜贴面砖？

我们常见的面砖脱落现象通常不是东掉一块西掉一块而是成片发生，或者是一掉一趟，并且往往发生在墙面边缘。究其原因，问题不在于面砖没粘结实，而是因为面层面砖受温度影响在发生胀缩时，这种面层面砖累加的变形量就易把边缘部分或中间部分的面砖挤成空鼓。

对于高层建筑而言，采用内保温形式必然会拉大内外墙温度变形差值，使得建筑物主体结构更加不安定，特别是日照时对高层建筑物造成整体变形。基于上述原理，这种内保温的高层外墙面也就更容易造成面砖的脱落。另外，内保温墙的冬季结露现象也容易出现在面砖内表面，很容易由于冻融而造成面砖脱落。

18．为什么外保温墙面要选用有一定变形量的水泥砂浆粘贴面砖？

为满足外保温饰面的多样化，一些业主选择外保温贴面砖的做法。由于受气温和太阳辐射影响而产生变形的部位集中反应在外保温的表层,优良的外保温能够使建筑物的主体结构较为稳定。在抗风压能力较强、热惰性指标较好的外保温材料上面选用有一定变形量的水泥砂浆粘贴面砖,就使外保温的外饰面多样化成为可能。选用变形量为百分之三的水泥砂浆粘贴面砖、镶填砖缝,由于专用改性水泥砂浆的变形能力大面砖两个数量级,每块面砖就能像鱼鳞一样独立地释放温度应力,而其变形应力也不会向四周面砖累加从而粘接牢固。

19．相对于外墙内保温,外墙外保温的经济性综合优势主要体现在哪些方面？

事实表明,相对于外墙内保温,外墙外保温的经济性综合优势主要体现在以下五个方面：

(1) 减少了保温材料的使用厚度,北京地区至少可节省40%保温材料的用量；

(2) 在进入装修阶段,内外墙可同时进行,内保温则要待完成保温层才能进行,因此外保温工期短,施工速度快,节约人工费；

(3) 保温效果好,可减少暖气散热器的面积,减少锅炉房建筑面积,减少总投资预算；

(4) 增加房屋的使用面积,在塔形建筑中平均每户可增加使用面积 $1.3\sim1.8m^2$；

(5) 能延长建筑物的使用寿命,减少长期维修费用,同时可享受墙改节能的政策优惠。

20．为什么我国夏热冬冷地区也积极推广应用外墙外保温？

在我国长江中、下游广大的夏热冬冷地区,夏季炎热、冬季湿冷。特别是夏季高温持续时间长,太阳辐射照度大,包括了我国几个著名的"火炉"城市,最高温度可达42.2℃(2001年夏季重庆市已达43℃),国家标准对该地区建筑物的热工设计要求是"必须满足夏季防热要求,适当兼顾冬季保温"。但是,如果采用内保温,其隔热的效果较差,而把保温层放在墙体外侧,由于保温材料热阻很大,可有效阻止夏季室外热流进入墙体,从而有效地降低墙体的内表面温度(与采用同样厚度保温材料的墙体,外保温要比内保温低1.5℃),达到改善室内热环境并节约空调或取暖耗能的目的。因此,夏热冬冷地区现在也应积极采用并推广墙体外保温技术。

21．为什么说国内外墙外保温施工要比国外外墙外保温施工难度大？

中国是一个地少人多的国家,城市人口居住密度高,居住建筑结构以多层和高层建筑结构为主,而国外发达国家的居住建筑多以低层别墅建筑和少量多层建筑,很少见到目前在国内大量出现的全现浇混凝土剪力墙以及混凝土框架轻体砌块填充墙高层住宅建筑。由于国内外墙外保温针对的对象,要比国外建筑结构的单体面积以及高度都高得多,因而说,在国内采暖居住建筑中进行外墙外保温要比国外采暖居住建筑的外墙外保温施工难度大。

22．在中国建筑科学研究院建筑物理研究所的《墙体传热的三维模拟分析》中,内外保温墙体的传热系数计算结果是什么？

在《墙体传热的三维模拟分析》中,其算例为这样一面墙体:内保温墙体在垂直墙面方向分四层,第一层是20mm厚的水泥砂浆,导热系数取$0.92W/(m\cdot K)$；第二层是180mm厚的钢筋混凝土,导热系数取$1.74W/(m\cdot K)$；第三层是40mm厚的聚苯板,导热系数取$0.04W/(m\cdot K)$；第四层是20mm厚的水泥砂浆。外保温墙体同样也是这四层材料,只是把聚苯板挪到了混凝土的外面。其传热系数的计算结果见表2。

传热系数的计算结果 表 2

	标准算法		窗靠里		窗居中		窗靠外	
	K	(K)	K	偏差	K	偏差	K	偏差
外保温墙体	0.77	(0.77)	1.36	77%	1.17	52%	0.80	4%
内保温墙体	1.05	(1.05)	1.35	29%	1.58	50%	1.75	67%

注：① 表中第二栏括号中的传热系数是按一维面积加权方法计算的值；
② 表中第三、四、五栏的偏差都是以第二栏第一列数值为基准求得的；
③ 标准算法是指依据《民用建筑节能设计标准(采暖居住建筑部分)》(JGJ 26—95)而得出的。

23．《墙体传热的三维模拟分析》的结论是什么？

（1）窗口侧面传热损失占墙体总传热损失的比例相当高，因此内保温和外保温墙体均应尽可能考虑在窗口侧面也采取保温措施。窗户在窗口侧面的安装位置也影响窗侧面传热损失的大小，外保温墙体窗户靠外有利，内保温墙体窗户靠里有利。

（2）外保温墙体能够有效地切断纵墙（或柱）和楼板（或梁）等结构性热桥，但窗口侧面的热桥作用仍然明显。在很好地处理了窗口侧面热桥的前提下，通过三维传热计算得到的墙体平均传热系数与用《民用建筑节能设计标准(采暖居住建筑部分)》(JGJ 26—95)算法得到的结果相差不大。

（3）内保温墙体很难有效地切断结构性热桥，窗口侧面的热桥作用也明显，即使在很好地处理了窗口侧面热桥的前提下，通过三维传热计算得到的墙体平均传热系数与用《标准》算法得到的结果相差仍然很大。在未对窗口侧面热桥作处理的情况下，两种算法的结果相差更大，应该引起足够地重视。

（4）墙体尤其是内保温墙体的平均传热系数应该用三维传热计算程序来确定。有了好的程序，这种计算并不很困难。

第二章 技 术 构 造

第一节 总 则

24. ZL 胶粉聚苯颗粒保温材料及其成套技术的技术来源是什么？

ZL 胶粉聚苯颗粒保温材料及其成套技术是指采用 ZL 胶粉聚苯颗粒保温浆料、耐碱涂塑玻璃纤维网格布、ZL 水泥抗裂砂浆、ZL 高分子乳液弹性底层涂料、ZL 抗裂柔性腻子等系统材料在现场成型的新型墙体保温技术体系,由功能分明的界面层、保温隔热层、抗裂防护层和外饰面层配套组成。

该成套技术在材料选择上充分考虑到我国不同地域气温跨度大的国情,满足不同地区、不同气候条件下外墙、屋面及地面的保温要求,集墙体保温、抗裂防护、装饰功能为一体,在胶粘材料选择上吸收了古罗马人造水泥建筑材料的经验,是在引进欧洲浆体保温材料及应用技术的基础上,在多年建筑外墙保温工程应用过程中,吸收美国、加拿大、德国、意大利等发达国家先进技术自主开发研制的。

25. ZL 胶粉聚苯颗粒保温材料及其成套技术经历了哪些发展阶段？

ZL 胶粉聚苯颗粒保温材料及其成套技术的研制开发源于 1996 年,历时 5 年多,其间经历了外墙内保温、多层外墙外保温、高层外墙外保温等不同保温构造,已发展成为一种保温种类多样、适用范围广阔、技术文件齐全、施工简便易行的综合性的外墙保温成套技术。目前,从该成套技术发展历程看,大致经历了以下三个阶段：

(1) 起步阶段(1996~1999.10)。在这一阶段中,实施的重大事项有:a.1997 年,该研究课题被列入北京市科学技术委员会的星火计划;b. 1998 年被列入北京市城乡建设委员会的科技开发项目;c.1999 年 2 月,《ZL 聚苯颗粒外墙内保温技术》通过北京市城乡建设委员会的专家鉴定,成果水平为国内领先。

(2) 拓展阶段(1999.10~2001.7)。其主要标志为,1999 年 10 月,ZL 胶粉聚苯颗粒外墙外保温技术通过北京市城乡建设委员会的专家鉴定,成果为国内领先。在这一阶段,实施的重大事项还有:a.2000 年 2 月,《ZL 胶粉聚苯颗粒外墙内保温工法》被建设部批准为"国家级工法"(YJGF 40—98);b.同年 9 月,ZL 胶粉聚苯颗粒保温材料被北京市建委确定为新技术、新材料推广应用项目;c.10 月,《外墙外保温施工技术规程》被北京市建委列为北京市地方标准;d.10 月 31 日,被国家住宅与居住环境工程中心列入新技术、新产品推广应用项目;e.12 月获得北京市科技进步三等奖;f.2001 年 2 月,《ZL 胶粉聚苯颗粒高层外墙外保温工法》被天津市建委列为市级工法;g.4 月,《Zl 胶粉聚苯颗粒外保温体系构造图集》被河北省建设厅批准为河北省工程建设标准设计图集;h.7 月,被山西建设厅批准为山西省建筑构造通用图集。

(3) 成熟阶段。其标志性的三大事项为:a.2001 年 7 月 18 日,ZL 胶粉聚苯颗粒外墙保温技术被建设部列为 2001 年科技成果推广转化指南项目；b.2001 年 11 月 2 日,ZL 胶粉聚苯颗粒保温材料及高层外墙外保温成套技术通过建设部科技成果评估会的评估,成果为国际先进水平；c.2001 年 11 月 17 日,ZL 胶粉聚苯颗粒外墙外保温工法被建设部确定为国家级工法。在这一阶段,实施的重大事项还有：a.2001 年 8 月,ZL 胶粉聚苯颗粒外墙保温技术被新疆维吾尔自治区建设厅批准为自治区建设系统科技成果推广转化指南项目；b.9 月,《ZL 胶粉聚苯颗粒外墙外保温构造图集》被天津市建委批准为天津市工程建设标准设计图集。

26．ZL 胶粉聚苯颗粒保温材料及其成套技术的适用范围是什么？

ZL 胶粉聚苯颗粒保温材料及其成套技术施工适用地域范围广,适用于严寒地区、寒冷地区、夏热冬冷地区和夏热冬暖地区,适用于 100m 以下的高层、中高层和多层建筑,适用于混凝土、小型混凝土空心砌块、粘土多孔砖、实心粘土砖和非粘土砖等材料外墙的保温工程,也适用于混凝土复合浇注聚苯板或钢丝网架聚苯乙烯芯板一次成型的保温工程及各类既有建筑的节能改造工程。在寒冷地区(含)以南的地区如夏热冬冷地区和夏热冬暖地区,选用 ZL 胶粉聚苯颗粒外墙外保温技术更合理、更经济；在寒冷地区以北的地区如严寒地区,则可选用 ZL 现浇混凝土复合无网聚苯板聚苯颗粒外墙外保温技术、ZL 现浇混凝土复合有网聚苯板聚苯颗粒外墙外保温技术和 ZL 岩棉聚苯颗粒外墙外保温技术更实用、更合理。

27．"ZL 胶粉聚苯颗粒保温材料及外墙内保温技术"鉴定的结论是什么？

1999 年 2 月 10 日,北京市建委以会议鉴定的方式对"ZL 胶粉聚苯颗粒保温材料及外墙内保温技术"进行了科技成果鉴定,其鉴定结论为：

(1) 鉴定资料齐全,各种测试数据可靠,符合鉴定要求。

(2) 该材料采用预混合干拌技术,将胶凝材料、聚苯颗粒分别包装,施工时按配合比加水混合,即可抹灰上墙,粘结力强,不流坠,无污染,保温性能较好。

(3) 该内保温施工技术可以满足不同墙体建筑节能要求,施工工艺简单,采用同种材料制成板条作为抹灰冲筋,保证厚度准确。罩面材料采用聚合物砂浆、纤维增强复合技术,能够解决面层空、鼓、裂问题。

(4) 利用废泡沫聚苯,资源再生,有利于保护环境。产品及施工工艺属国内同类产品领先水平,可以推广使用。

28．ZL 胶粉聚苯颗粒保温材料外墙内保温工法是在什么时候被建设部批准为国家级工法的？

ZL 胶粉聚苯颗粒保温材料外墙内保温工法是于 2000 年 2 月 21 日被建设部批准为国家级工法的。

工法编号：YJGF 40—98

批准文号：建建[2000]45 号(《关于公布 1997～1998 年度国家级工法的通知》)

29．"ZL 胶粉聚苯颗粒保温材料及外墙外保温工程技术"的鉴定结论是什么？

1999 年 10 月 15 日,北京市建委以会议鉴定的方式对"ZL 胶粉聚苯颗粒保温材料及外墙外保温工程技术"进行了科技成果鉴定,其鉴定结论为：

(1) 鉴定资料齐全,测试数据可靠,符合鉴定要求。

(2) ZL 胶粉聚苯颗粒保温材料是由 ZL 保温胶粉和聚苯颗粒轻骨料加水经搅拌混合而成。材料性能稳定,软化系数较高,为 B_1 级难燃建筑材料,外墙外保温构造合理,面层材料配套齐全,抗裂性能可靠,耐候性好,构造节点设计合理。

（3）ZL保温材料外墙外保温施工操作简便易行,施工工艺科学合理,工程综合造价较低,工程质量较好。建立了质量保证体系,主要施工技术文件完备。可指导生产与施工。

（4）在原材料中利用粉煤灰、废聚苯泡沫有利于保护环境,资源再生,节约能源。该课题的研究达到国内领先水平,可以逐步推广应用。

（5）建议厂家提供配套材料,组织专业化施工队伍,确保工程质量。

30. ZL胶粉聚苯颗粒保温材料外墙外保温工法是在什么时候被建设部批准为国家级工法的?

ZL胶粉聚苯颗粒保温材料外墙外保温工法是于2001年11月17日被建设部批准为国家级工法的。

工法编号:YJGF 41—2000

批准文号:建建[2001]222号(《关于公布1999~2000年度国家级工法的通知》)

31. "ZL胶粉聚苯颗粒保温材料及其高层外墙外保温成套技术"建设部科技成果评估会的评估意见是什么?

2001年11月2日,"ZL胶粉聚苯颗粒保温材料及高层外墙外保温成套技术"建设部科技成果评估会在京召开,其评估结论为:

（1）提供的资料齐全,数据翔实完整,符合评估条件。

（2）该项成套技术内无空腔,并采用锚固于主体结构的钢丝网增强,对抗风压特别是抗负风压性能以及抵抗地震力有利,在高层建筑中使用较为安全。

（3）该项成套技术采用了逐层渐变以减小变形应力的构造措施,设计合理,有利于提高抗裂性能。

（4）该项成套技术保温隔热、耐候、耐火、憎水、水蒸气渗透等性能较好,构造设计与施工工艺合理,技术成熟,操作简便,性能稳定,造价较低,经多项工程应用,效果良好。

（5）该项成套技术大量使用粉煤灰及回收的聚苯乙烯等废弃物,有利于保护环境,节约资源。

该项成果达到国际先进水平,适用于100m以下高层建筑的外墙外保温,同意通过评估,可以推广应用。

第二节 基本原理

32. ZL胶粉聚苯颗粒保温材料及其成套技术包括哪几种构造做法?

ZL胶粉聚苯颗粒保温材料及其成套技术的构造做法内容丰富,并在持续发展与进步,主要包括:

（1）按保温形式,可分为:ZL胶粉聚苯颗粒保温材料外墙内保温成套技术和ZL胶粉聚苯颗粒保温材料外墙外保温成套技术;

（2）按不同的工程类型,可分为:ZL胶粉聚苯颗粒高层外墙外保温技术、ZL胶粉聚苯颗粒多层外墙外保温技术、ZL胶粉聚苯颗粒屋面顶棚保温技术以及ZL胶粉聚苯颗粒既有建筑物节能改造和修裂技术等;

（3）在保温构造上,可分为:ZL胶粉聚苯颗粒外墙外保温技术、ZL现浇混凝土复合无网聚苯板聚苯颗粒外墙外保温技术、ZL现浇混凝土复合有网聚苯板聚苯颗粒外墙外保温技术和ZL岩棉聚苯颗粒外墙外保温技术；

(4) 按外饰面做法，可分为：外饰面为涂料做法技术、外饰面为粘贴面砖做法技术和外饰面为干挂石材做法技术。

33. ZL胶粉聚苯颗粒保温材料及其成套技术的构造设计的抗裂机理是什么？

ZL胶粉聚苯颗粒保温材料及其成套技术采用了逐层渐变的柔性抗裂技术路线。其抗裂机理如下：各构造层满足允许变形与限制变形相统一的原则，外层的柔韧变形量高于内层的变形量，各层弹性模量变化指标相匹配逐层渐变；各层材料的性能满足随时分散和释放变形应力；并利用软配筋（耐碱涂塑玻璃纤维网格布）和多种纤维改变应力传递方向，防止各种变形应力集中发生的可能。

34. ZL胶粉聚苯颗粒保温材料及其成套技术各构造层的允许变形量是如何设定的？

ZL胶粉聚苯颗粒保温材料及其成套技术构造层允许变形量指标设定为：

基层混凝土墙为万分之二（温差20℃）；

保温隔热层为1‰至3‰；

抗裂防护层为5‰；

柔性腻子层为10‰。

35. ZL胶粉聚苯颗粒保温材料及其成套技术各构造层的抗裂构造设计是怎样的？

(1) 保温层的抗裂设计

在ZL胶粉聚苯颗粒保温层的抗裂构造设计中，采用多种纤维复合配制的抗裂技术，将多种无机与有机粉料及不同弹性模量、长短不一的纤维复合在一起，并配套采用先进的生产技术和设备，使ZL胶凝材料能够均匀地复合在本身具有一定弹性的聚苯颗粒上，形成一层具有一定强度的亚弹性体，比聚苯板的变形量小一个数量级，能够更好地吸收受外界自然条件变化产生的膨胀、收缩变形，并均匀地将温差变形应力向四周扩散，从而有效地防止裂缝的产生。

(2) 抗裂防护层的抗裂设计

a. 在抗裂防护层的构造设计中，采用聚合物乳液并掺加多种纤维及外加剂制成抗裂剂，由抗裂剂与水泥、中砂按1:1:3重量比搅拌制成的水泥抗裂砂浆，增加了柔性变形的性能；

b. 耐碱涂塑玻璃纤维网格布采用耐碱玻璃纤维编织，面层涂以耐碱防水高分子材料制成，其含锆量合理，经纬向抗拉强度一致，耐碱强度保持率高，(4×4)mm网眼尺寸合理，耐冻融好；

c. 水泥抗裂砂浆复合耐碱涂塑玻璃纤维网格布后，其垂直墙面方向变形能力增加，沿墙面方向变形受限，从而形成一层能适应墙体变形、避免产生裂缝的抗裂防护层。

(3) ZL高分子乳液弹性底层涂料和ZL抗裂柔性耐水腻子

ZL抗裂柔性耐水腻子的柔性设定合理，ZL高分子乳液弹性底层涂料的呼吸性良好，柔性耐水腻子与弹性底层涂料两者的配套使用，不仅满足面层的变形的要求，而且还具有良好的憎水、透气、耐冻融、装饰作用。

(4) 中层涂料和外墙涂料

中层涂料具有合理的柔性，与本构造体系变形量设计相协调；此外，中层涂料和外墙涂料同时为本体系饰面层的防裂、防水、防沾污、防老化性能提供了较为理想的效果。

36．与 ZL 胶粉聚苯颗粒保温材料及其成套技术配套开发的主要材料有哪些？
(1) ZL 界面处理剂(简称界面剂)；
(2) 聚苯颗粒轻骨料(简称聚苯颗粒)；
(3) ZL 胶粉料(简称胶粉料)；
(4) ZL 耐碱涂塑玻璃纤维网格布(简称耐碱网格布)；
(5) ZL 水泥砂浆抗裂剂(简称抗裂剂)；
(6) ZL 抗裂柔性耐水腻子(简称柔性耐水腻子)；
(7) ZL 高分子乳液弹性底层涂料(简称高弹底涂)；
(8) ZL 喷砂界面剂；
(9) ZL 保温墙面砖专用胶液；
(10) 配件：金属六角网、金属分层条、滴水槽、专用金属护角等。

37．在什么情况下使用 ZL 界面处理砂浆，主要解决哪些技术问题？要求如何？
ZL 界面处理砂浆是由 ZL 界面处理剂与水泥、中砂按 1:1:1 的重量比搅拌成均匀浆状制成，主要用于处理混凝土、加气混凝土、灰砂砖及粉煤砖等表面，解决由于墙体表面吸水过强或光滑而引起界面粘结不牢，抹灰层易空鼓、开裂、剥落等问题，以增强新旧混凝土之间以及混凝土与抹灰砂浆之间的粘结力。采用 ZL 界面处理剂，可替代传统混凝土表面的凿毛工序，也可改善加气混凝土表面抹灰工艺，从而提高工程质量，加快施工进度，降低劳动强度，是良好的施工配套材料。其使用要求如下：
(1) 清理基层：用钢丝刷清除混凝土表面粉灰、油污及疏松层等，再用软刷清扫干净；
(2) 用滚子或扫帚蘸取界面砂浆，均匀涂刷于混凝土或其他基层表面，也可用砂浆喷枪喷涂，以覆盖基层为准；
(3) 施工形成 1~4mm 凹凸状砂浆涂层，不得有脱落和空鼓。施工温度不应低于 5℃；
(4) 贮存条件为 5~30℃，贮存期为 6 个月，防晒，按非危险品运输。

38．ZL 胶粉聚苯颗粒保温浆料是由什么组成的，其性能特点是什么？
ZL 胶粉聚苯颗粒保温浆料由 ZL 保温胶粉料与聚苯颗粒轻骨料分别按配比包装组成。ZL 保温胶粉料采用预混合干拌技术，在工厂将 ZL 保温胶凝材料与各种外加剂均混包装；聚苯颗粒轻骨料是将回收的聚苯板粉碎均混按袋分装。使用时先将 35~37kg 水加入搅拌机中，随即加入 25kg 一包的胶粉料搅拌 5min，之后将 200L 一袋的聚苯颗粒加入搅拌机中，4min 后可形成塑性良好的膏状体，将其抹或喷抹于墙体上，干燥后便形成保温性能优良的保温层。胶粉料中的无机与有机粉料及多种纤维成分，使 ZL 胶粉聚苯颗粒保温浆料具有良好的保温、耐候、防火、抗冻融、耐水、整体性好等优点。具体地说，ZL 胶粉聚苯颗粒保温浆料的性能特点有：
(1) 导热系数低，密度小。聚苯颗粒的胶凝材料选用氢氧化钙、粉煤灰及不定型二氧化硅、水泥等多种无机材料，避免了单纯水泥密度大、易开裂、石膏不耐水等问题。此材料的干密度≤230kg/m³，导热系数≤0.059W/m·K。
(2) 软化系数高，耐水性好。ZL 胶粉聚苯颗粒保温浆料的软化系数在 0.7 以上，为耐水型保温材料。
(3) 拌和物静剪切力强，触变性好。保温浆料中精选加入了美、德、中国台湾等地生产的高分子材料，采用大分子互穿增稠技术，使材料的施工操作性能得到了突破性改善，湿粘着静剪切力强,一次抹灰厚度由普通抹灰 1cm 左右提高到一次抹灰 4cm 以上不滑坠。同时由于触变性好,使抹灰非常省力,易操作,抹灰速度快。保温浆料易操作,无明水析出,操作时间为 4 小时,落地灰可重复使用,有利于节省材料和文明施工。

（4）施工方便,配比准确,施工厚度易控制。采用胶粉料预混合干拌技术和聚苯颗粒轻骨料分装工艺,到施工现场按包装配合比加水搅拌成膏体材料,有效地避免了施工现场称量不准确的问题。采用同种材料作保温层冲筋,保温效果一致,保温层厚度得到准确控制。

（5）整体性好,施工适应性强。适应墙面及门、窗、拐角、圈、梁、柱等变化,比较条形带肋保温板,可减少"热桥"发生量 20%～30%左右,且整体保温层性能可靠,又避免了板缝开裂的质量通病。材料利用率高,基层剔补量小,节约人工费用。

（6）干缩率低,干燥快。多种不同弹性模量的纤维均匀三维分布,使得保温层体积稳定,强度稳定提高,材料干燥收缩率为 0.08%,终凝 24 小时。

（7）耐火等级为 B1 级,满足建筑防火要求。适用于防火等级较高的建筑物使用。

（8）耐冻融、耐候性好。保温性能稳定,耐久,保温层经曝晒、风化、降解试验、风压试验,其效果均高于纯聚苯板的耐候性能。

39. ZL 胶粉料的主要构成成分有哪些？

ZL 胶粉料的主要构成成分有：

（1）高分子有机粘结材料。该材料采用了水溶性高分子材料,掺入一定比例的憎水表面活性剂、再分散乳液胶粉、化学发泡剂、复合物理发泡剂等,在稳泡剂的作用下形成。

（2）无机粉料。该粉料参考古罗马建筑砌筑浆料成分,为粉煤灰—石灰—多种无机材料复合胶凝体。

（3）不同比例、不同弹性模量、长短匹配的多种纤维,是最新抗裂技术的综合。

40. ZL 胶粉聚苯颗粒保温层设计依据是什么？

由于 ZL 胶粉聚苯颗粒保温层技术性能要求密度小、导热系数低、干缩率低、软化系数高、耐水性好、耐冻融性、耐候性好,其试验方法和设计依据应符合 JGJ 51—90《轻集料混凝土技术规程》的相应要求。

41. ZL 胶粉聚苯颗粒保温浆料与其他浆体材料的区别是什么？具有什么优势？

国内传统的保温浆料主要有两种类型,海泡石纤维保温浆料与水泥珍珠岩保温浆料。ZL 胶粉聚苯颗粒保温浆料与上述传统保温浆料的区别如下：

（1）与传统保温浆料不同,ZL 胶粉聚苯颗粒保温浆料采用胶粉料预混合干拌技术和聚苯颗粒轻骨料分装工艺,工地现场只需按包装比加水搅拌后即可施工,解决了传统保温浆料由于工地称量不准确而造成的热工性能不稳定的问题；由于 ZL 胶粉料中掺加大量保水性外加剂,解决了保温浆料由于和易性不良、施工性能差的问题,一次施工厚度可达 4cm 以上,大幅度提高了施工速度。

（2）ZL 胶粉聚苯颗粒保温浆料的胶凝材料采用粉煤灰-硅灰-石灰-水泥复合材料体系代替传统的石膏水泥体系,该体系有比石膏更耐水的性能,有比水泥导热系数更佳的性能。此外,ZL 胶粉聚苯颗粒保温浆料还具有耐水性能好、保温性能佳、固化时间快等优势。

（3）ZL 胶粉聚苯颗粒保温浆料采用废聚苯颗粒作为轻骨料,占总体积含量的 80%以上,在确保保温性能的同时净化了环境,而且聚苯颗粒在砂浆搅拌机中进行拌和时,不会出现破碎,克服了珍珠岩保温浆料中常出现的随着搅拌强度加大、珍珠岩破碎程度高、材料干密度变大、保温性能下降的缺陷,经现场抽测,ZL胶粉聚苯颗粒保温浆料的干密度稳定在 $200\sim230kg/m^3$,导热系数为 $0.05\sim0.06W/(m\cdot K)$ 之间。

(4) ZL胶粉聚苯颗粒保温浆料与上述两种传统保温浆料的主要性能对比参数见表3。

ZL胶粉聚苯颗粒保温浆料与传统保温浆料的主要性能对比参数　　　　表3

项　目	ZL胶粉聚苯颗粒保温浆料	海泡石纤维保温浆料	水泥珍珠岩
导热系数(W/(m·K))	0.059	0.07	0.08
干密度(kg/m³)	≤230	≤300	≤380
湿密度(kg/m³)	350~420	≥800	≥800
初凝时间(h)	≥4	—	≥3
终凝时间	≤12h	≤3d	≤6h
压缩强度(MPa)	≥0.25	0.1	≥0.6
一次抹灰厚度	≥4cm	1cm	1cm

42．ZL胶粉聚苯颗粒保温材料与水泥砂浆的根本区别是什么?

ZL胶粉聚苯颗粒保温浆料与水泥砂浆相比,具有干密度小、导热系数低、粘结强度/比重比值大等特点,具体见表4。同时,由于ZL胶粉料中含有多种纤维及有机粘结材料,与聚苯颗粒定量加水搅拌混合,就使得ZL胶粉聚苯颗粒保温浆料具有很好的柔性及变形性。

ZL胶粉聚苯颗粒保温浆料与水泥砂浆的主要性能比较　　　　表4

项　目	ZL胶粉聚苯颗粒保温浆料	水泥砂浆
干密度(kg/m³)	≤230	≥1800
线收缩系数(mm/m)	≤3	≤0.03
导热系数(W/(m·K))	≤0.059	≥0.93
压缩强度(MPa)	≥0.25	≥1.00
粘结强度/比重	260	55.6

43．ZL胶粉聚苯颗粒抗裂防护层材料设计考虑的因素主要有哪些?

ZL胶粉聚苯颗粒抗裂防护层材料在设计时,主要考虑了以下四个因素:

(1) 保温层密度低,内含气体比例高,受温度和湿度变化影响,保温层外形尺寸不稳定;
(2) 面层防护材料要满足基层变形,防护层的不同材料考虑变形指标的相匹配;
(3) 面层防护材料应具有良好的耐冲击性,材质耐候年限要与结构寿命同步;
(4) 面层防护材料还应具有良好的防潮性和透气性。

44．ZL水泥抗裂砂浆是如何增加柔性变形性能的?

为了解决保温层受温度和湿度变化影响造成的外形尺寸不稳定问题,ZL抗裂水泥砂浆采用了弹性乳液和助剂。弹性乳液给水泥砂浆增添了柔性变形的新性能,改变水泥砂浆易开裂的弱点;助剂和不同长度、不同弹性模量的纤维可以控制抗裂砂浆的变形量,并使其柔韧性得到明显提高。

45．抗裂防护层的软钢筋是指什么?在抗裂防护层中起什么作用?应选用何种规格?

抗裂防护层的软钢筋是指ZL耐碱涂塑玻璃纤维网格布。为了使面层材料有良好的耐冲击性,抗裂防护层由ZL抗裂水泥砂浆复合ZL耐碱涂塑玻璃纤维网格布复合组成。砂浆中的耐碱网格布经纬向抗拉强度一致,能使所受的变形应力均匀向四周分散,既限制沿耐碱网格布方向变形的同时,又取得了垂直耐碱网格布方向的最大变形量,从而使复合于水泥砂浆中的耐碱网格布长期稳定地起到抗裂和抗冲击作用。

实践证明,选用网眼尺寸为(4×4)mm的耐碱玻璃纤维网格布,有利于提高与水泥砂浆结合力,方便施工抹灰操作,同时有较好的抗冲击、抗冻融能力。

46. 什么是耐碱强度保持率？如何测定？耐碱涂塑玻璃纤维网格布的耐碱强度保持率应是多少？

耐碱强度保持率是指在水泥饱和溶液中常温浸泡28天的强度保持率。其测定方法如下:

将网格布在常温、10:1水灰比普硅水泥浆滤液中浸泡28天后取出,按《玻璃纤维涂塑网布》(JC/T 173—1994)附录A(补充件)测经向和纬向的断裂强力,按下式计算保持率:

$$保持率\% = (P_1/P_0) \times 100\%$$

式中 P_0——浸泡前断裂强度,N/50mm;

P_1——浸泡后断裂强度,N/50mm。

北京振利高新技术公司采用的耐碱涂塑玻璃纤维网格布含锆量为14%±0.8%,并配以公司自己研制的高分子耐碱材料涂覆层,经浸泡在水泥饱和溶液中28天后进行测试,其耐碱强度保持率达到90%以上。

47. 为什么饰面基层刮腻子找平,严禁采用水泥类刚性高强度腻子而应采用ZL抗裂柔性耐水腻子？它解决了什么技术难题？

由于保温层的空气含量大,在遇温度变化时,保温层的体积变化较大,而水泥腻子及一些刚性高强的腻子,强度高,变形量小,弹性模量大,在基层发生变形时,面层会产生很大的应力,当应力大于表面材料的抗拉强度时便形成裂缝,所以严禁在保温层上刮水泥类的刚性高强的腻子。

ZL抗裂柔性耐水腻子粘结强度高,耐水性好,柔韧性好,施工性能好,特别适合在各种保温及水泥砂浆易产生裂缝的基层上做找平、修补材料,可有效防止面层装饰材料出现龟裂或有害裂缝。

48. 如何使ZL抗裂柔性耐水腻子满足变形量10%的要求？

ZL抗裂柔性耐水腻子以白水泥为粘合基料,添加一定量高弹性的粘合剂和纤维材料,可以满足变形量为10%的要求,柔性抗裂作用明显。另外,该腻子耐水性很强,浸水后的粘结强度仍然很高,耐冻融性好,实际检测结果表明,-13℃低温贮存后的粘结强度仍大于国标中要求的0.5MPa的标准。

49. ZL高分子乳液弹性底层涂料的作用是什么？其性能特点如何？

ZL高分子乳液弹性底层涂料选用漆膜细密、粒径较小的乳液作为底漆,含有大量的有机硅树脂,该树脂可在涂刷表面形成单分子憎水排列,对液态聚合性水的较大分子具有很强的排斥作用,外界雨水会在其表面形成"水珠",但不会润湿外表面,同时具有良好的透气性能。ZL高分子乳液弹性底层涂料的拒水性与透气性,避免墙体排湿不畅、出现结露或者保温层水分增多的现象。

ZL保温面层涂覆ZL高弹底层涂料后,保温层的含水率逐年下降,基本稳定在1%~1.5%左右,同时传热系数也得到了保证,提高了外保温材料体系的抗冻融性、耐久性及抗裂性。

50．ZL胶粉聚苯颗粒外饰面层材料可采用什么？

可采用涂料、面砖或干挂石材等多种饰面材料，在保温体系的最外层形成饰面层。不同的材料构造，性能不同，起不同的保护、装饰等效果。

51．ZL胶粉聚苯颗粒保温材料及其成套技术的其他配套材料是什么？有何要求？

ZL胶粉聚苯颗粒保温材料及其成套技术的其他配套材料主要有金属六角网、四角网、射钉、金属护角、金属支托条等。

金属六角网为21♯铅丝网，孔边距25mm×25mm；金属四角网，为17♯铅丝网，孔边距20mm×20mm；专用金属护角断面尺寸为 $35\times35\times0.5\sim45\times45\times0.5$(mm)，高 $h=2000$mm；金属支托条断面尺寸为 $35\times45\times0.7$(mm)，高 $h=2000$mm；带尾孔射钉(KD30-25-3558)，尾孔穿22♯镀锌锚固双股铅丝。包括专用金属护角、金属分层条、L型轻钢角铁、四角镀锌钢丝网、滴水槽等。

第三节 性能指标

52．水泥的主要性能指标是什么？

强度等级32.5～42.5的普通硅酸盐水泥，应符合《硅酸盐水泥、普通硅酸盐水泥》(GB 175—99)的要求。

53．中砂的主要性能指标是什么？

中砂，应符合《普通混凝土用砂质量标准及检验方法》(JGJ 52—92)的规定，含泥量少于3%。

54．ZL界面处理剂的主要性能指标是什么？

ZL界面处理剂应符合《建筑用界面处理剂应用技术规程》(DBJ/T 01—40—98)规定的要求。

55．ZL胶粉料的主要性能指标是什么？

ZL胶粉料的主要性能指标应满足表5要求。

ZL胶粉料的性能要求　　　　表5

项　目	单　位	指　标
初凝时间	h	≥4
终凝时间	h	≤12
安定性	—	合　格
拉伸粘结强度，28d	MPa	≥0.6
浸水拉伸粘结强度，7d	MPa	≥0.4

56．聚苯颗粒轻骨料的主要性能指标是什么？

聚苯颗粒轻骨料的主要性能指标应满足表6要求。

57．ZL水泥抗裂砂浆的主要性能指标是什么？

ZL水泥抗裂砂浆的主要性能指标应满足表7要求。

聚苯颗粒的性能要求 表6

项 目	单 位	指 标
堆积密度	kg/m³	12~21
粒度(5mm筛孔筛余)	%	≤5

ZL水泥抗裂砂浆的性能要求 表7

项 目	单 位	指 标
砂浆稠度	mm	80~130
可操作时间	h	≥2
拉伸粘结强度(常温28d)	MPa	>0.8
浸水粘结强度(常温28d,浸水7d)	MPa	>0.6
抗弯曲性	—	5%弯曲变形无裂纹
渗透压力比	%	≥200

58．ZL耐碱涂塑玻璃纤维网格布的主要性能指标是什么?

ZL耐碱涂塑玻璃纤维网格布的主要性能指标应满足表8要求。

ZL耐碱涂塑玻璃纤维网格布的性能要求 表8

项 目		单 位	指 标
网眼尺寸	普通型	mm	4×4
	加强型		6×6
单位面积重量	普通型	g/m²	≥180
	加强型		≥500
断裂强度	经向 普通型	N/50 mm	≥1250
	经向 加强型	N/50 mm	≥3000
	纬向 普通型	N/50 mm	≥1250
	纬向 加强型	N/50 mm	≥3000
耐碱强度保持率28d	经向	%	≥90
	纬向	%	≥90
涂塑量	普通型	g/m²	≥20
	加强型		

59．ZL高分子乳液弹性底层涂料的主要性能指标是什么?

ZL高分子乳液弹性底层涂料的主要性能指标应满足表9要求。

ZL高分子乳液弹性底层涂料的性能要求 表9

项 目		单 位	指 标
容器中状态		—	搅拌后无结块,呈均匀状态
施工性		—	刷涂无障碍
干燥时间	表干时间	h	≤4
	实干时间	h	≤8

续表

项 目		单 位	指 标
拉伸强度		MPa	≥1.0
断裂伸长率		%	≥300
低温柔性绕φ10mm棒		—	-20℃无裂纹
不透水性 0.3MPa,0.5h		—	不透水
加热伸缩率	伸 长	%	≤1.0
	缩 短	%	≤1.0

60. ZL抗裂柔性耐水腻子的主要性能指标是什么？

ZL抗裂柔性耐水腻子的主要性能指标应满足表10要求。

ZL抗裂柔性耐水腻子的性能要求 表10

项 目		单 位	指 标
施工性		—	刮涂无困难
干燥时间(表干)		h	<5
打磨性		%	20~80
耐水性 48h		—	无异常
耐碱性 24h		—	无异常
粘结强度	标准状态	MPa	>0.60
	浸水后	MPa	>0.40
低温贮存稳定性(-5℃冷冻4h)		—	无变化,刮涂无困难
柔韧性(直径50mm)		—	无裂纹
稠 度		cm	11~13

61. ZL胶粉聚苯颗粒保温浆料的主要性能指标是什么？

ZL胶粉聚苯颗粒保温浆料的主要性能指标应满足表11要求。

ZL胶粉聚苯颗粒保温浆料的性能指标 表11

项 目	单 位	指 标	项 目	单 位	指 标
湿表观密度	kg/m³	350~420	线性收缩率	%	≤0.3
干表观密度	kg/m³	≤230	软化系数	—	≥0.7
导热系数	W/(m·K)	≤0.059	难燃性	—	B_1
压缩强度	kPa	≥250			

62. ZL胶粉聚苯颗粒外墙外保温体系的主要性能指标是什么？

ZL胶粉聚苯颗粒外墙外保温体系的主要性能指标应满足表12要求。

ZL胶粉聚苯颗粒保温材料及其成套技术的性能指标　　　　　　表12

项目	单位	指标	项目	单位	指标
耐冲击性	J	>20	抗风压试验：负压4500	Pa	无裂纹
耐磨性(500L铁砂)	—	无损坏	正压5000	Pa	无裂纹
人工老化性(2000)	h	合　格	表面憎水率	%	99
耐燃性	—	B1级	水蒸气渗透性	g/(Pa·m·s)	$>9.00\times10^{-9}$
耐冻融性(10)	次	无开裂			

第四节　材料测试论证

63．ZL界面处理剂的性能测试数据是什么？

ZL界面处理剂的性能测试数据如表13。

ZL界面处理剂的性能测试数据　　　　　　表13

编号	检测日期	检测报告编号	检测项目	检测结果	检测单位
1	2001.05.15	JN2001-216	界面剂强度、耐水、耐冻融	符合DBJ 01-40-98标准要求	北京市建筑材料质量监督检验站

64．ZL胶粉聚苯颗粒保温浆料的性能测试数据是什么？

ZL胶粉聚苯颗粒保温浆料的性能测试数据如表14。

ZL胶粉聚苯颗粒保温浆料的性能测试数据　　　　　　表14

编号	检测日期	检测报告编号	检测项目	检测结果	检测单位
1	2001.08.07	200130560	干表观密度	209kg/m³	国家建筑材料测试中心
2	2001.08.07	200130559	湿密度	365kg/m³	国家建筑材料测试中心
3	2001.08.07	200130563	导热系数	导热系数=0.058W/(m·K)	国家建筑材料测试中心
4	2001.08.07	200130561	平均抗压强度	0.26MPa	国家建筑材料测试中心
5	2001.08.07	200130562	平均粘结强度	121MPa	国家建筑材料测试中心
6	2001.08.31	200130565	线性收缩	2.1mm/m	国家建筑材料测试中心
7	2001.08.03	2001-0258L	弹性模量	106	国家建筑工程质量监督检验中心
8	2000.06.29	00(QT)0030	胶粉干密度、软化系数	642kg/m³，70.2%	北京市建设工程质量检测中心建筑节能检测室
9	1999.09.23	JC99028	燃烧性能	B_1级	国家固定灭火系统和耐火构件质量监督检验中心
10	1999.11.26	99X031	检验样品中是否有石棉	样品中没有石棉	国家建材局地质研究所

65．ZL水泥砂浆抗裂剂的性能测试数据是什么？

ZL水泥砂浆抗裂剂的性能测试数据如表15。

66．ZL耐碱涂塑玻璃纤维网格布的性能测试数据是什么？

ZL耐碱涂塑玻璃纤维网格布的性能测试数据如表16。

ZL水泥砂浆抗裂剂的性能测试数据　　　　　　　　　　　　　　　　表15

编号	检测日期	检测报告编号	检测项目	检测结果	检测单位
1	2001.04.28	JN2001-150	水泥砂浆抗裂剂原强度、耐水	符合JC/T 547—94标准中合格品要求	北京市建筑材料质量监督检验站
2	2001.08.07	200130564	弹性模量	0.11×10^4	国家建筑材料测试中心
3	2001.08.31	（天津）质监认字F081号	水泥砂浆抗裂剂抗冻性、抗弯曲、抗冲击、耐候性	抗压强度7.2MPa；抗折强度3.0MPa；无弯曲、无裂纹、无开裂	天津市产品质量监督检验第二十一站

ZL耐碱涂塑玻璃纤维网格布的性能测试数据　　　　　　　　　　　　表16

编号	检测日期	检测报告编号	检测项目	检测结果	检测单位
1	2001.06.22	B01(QT)0055	抗拉强度、耐碱保持率	抗拉强度经向724N，纬向779N，浸水后经为660N，纬向715N，耐碱保持率经向91%，纬向92%	北京市建设工程质量检测中心建筑节能检测室

67．ZL抗裂柔性耐水腻子的性能测试数据是什么？

检验依据：Q/FTZLG 002—2001《建筑外墙保温专用柔性腻子》

检测日期：2001年9月17日

检测报告编号：ZN 2001—254

检测单位：北京市建筑材料质量监督检验站。检测数据见表17。

ZL抗裂柔性耐水腻子的性能测试数据　　　　　　　　　　　　　　表17

序号	检验项目		标准要求	检验结果	本项结论
1	柔性腻子胶（A组分）	容器中状态	均匀、无结块、乳白液	均匀、无结块、乳白液	符合
2		粘度，MPa·s	3000～7000	7000	符合
3	柔性腻子粉（B组分）	袋中状态	均匀、无结块、白色粉料	均匀、无结块、白色粉料	符合
4		细度，%	160目筛筛余<5	4.5	符合
5	施工性		刮涂无困难	刮涂无困难	符合
6	干燥时间（表干），h		<5	1	符合
7	打磨性，%		20～80	25	符合
8	耐水性		无异常	无异常	符合
9	耐碱性		无异常	无异常	符合
10	粘结强度 MPa	标准状态	>0.60	0.91	符合
		浸水后	>0.40	0.89	符合
11	低温稳定性		-5℃冷冻4h无变化，刮涂无困难	-5℃冷冻4h无变化，刮涂无困难	符合
12	柔韧性		直径50mm，无裂纹	无裂纹	符合

备注：1．胶：粉=0.5:1（重量比）

68．ZL高分子乳液弹性底层涂料的性能测试数据是什么？

ZL高分子乳液弹性底层涂料的性能测试数据如表18。

ZL高分子乳液弹性底层涂料的性能测试数据 表18

编号	检测日期	检测报告编号	检测项目	检测结果	检测单位
1	2001.04.29	FS00-TL071	拉伸强度,断裂伸长率,粘结强度	1.63MPa,634%,0.80MPa	北京市建筑材料质量监督检验站

第五节 ZL胶粉聚苯颗粒外墙外保温技术

69. ZL胶粉聚苯颗粒外墙外保温技术的基本构造是什么？

ZL胶粉聚苯颗粒外墙外保温技术的基本构造见表19。

ZL胶粉聚苯颗粒外墙外保温技术的基本构造 表19

①基墙	ZL胶粉聚苯颗粒外墙外保温技术的基本构造				
	②界面层	③保温隔热层	④抗裂保护层	⑤饰面层	构造示意
混凝土、小型混凝土空心砌块、粘土多孔砖、实心粘土砖、轻质填充砌体、非粘土砖等	界面处理剂(除新粘土砖墙可用水湿润墙面处理外,其余基层均应涂界面剂处理)	ZL胶粉聚苯颗粒保温浆料	ZL水泥抗裂砂浆压入耐碱涂塑玻璃纤维网格布,面层涂ZL高分子乳液弹性底层涂料	ZL抗裂柔性耐水腻子涂料、面砖和干挂石材等	①②③④⑤

70. 建筑物高度不超过30m、饰面为涂料做法的外保温构造是什么？

建筑物高度不超过30m、饰面为涂料做法的外保温构造如图1所示。

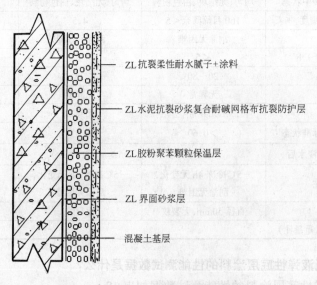

图1 外保温构造示意图

71. 建筑物高度超过 30m 且保温层厚度大于 60mm、饰面为涂料做法的高层外保温构造是什么？

在建筑总高度超过 30m 且保温层厚度超过 60mm 时，应于每层楼板处加钉 L 型轻钢角铁作分层条，进行分层断块，并在距保温面层 20mm 左右加铺一道六角钢丝网(21♯，孔平等边距 25mm×25mm)。加铺六角钢丝网时，强调首先应在界面处理完后，按每平方米 3～4 枚的密度在墙上固定带尾孔的射钉，尾孔穿 22♯ 镀锌铅丝；六角网在铺贴时，应用镀锌铅丝把其与射钉绑扎牢固，网搭接不应小于 50mm。如图 2 所示。

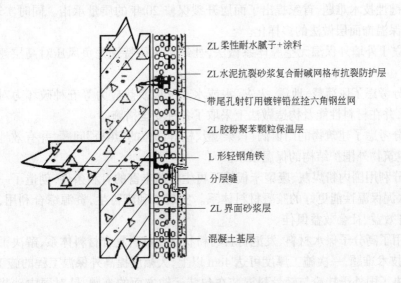

图 2　外保温构造示意图

72. ZL 胶粉聚苯颗粒外墙外保温技术施工的优越性体现在哪里？

无论在国内还是在国外，在建筑施工中，采用现场成型的保温浆料均占有很大的比重。ZL 胶粉聚苯颗粒外墙外保温技术的施工具有以下几个方面的优势：

(1) 材料适应性好。由于 ZL 胶粉聚苯颗粒保温浆料是现场成型保温材料，不受墙体外形的约束，其施工适应性好，在结构比较复杂或不规整的基层如圆拱形、斜三角形等外墙表面施工时，以及在平整度较低的外墙面施工时，可以节约大量材料费用与人工费用。

(2) 施工整体性好。保温浆料固化后，保温层总体效果一致，不存在接缝，既避免了接缝热桥，又防止了保温板接缝处理不当易开裂的弊病。

(3) 材料利用率高。ZL 胶粉聚苯颗粒保温材料现场搅拌现场成型，搅拌量随施工量确定，用多少搅多少，不存在运输、贮存过程中的破损问题，也不存在施工裁板而造成材料利用不充分的问题。

73. 为什么说 ZL 胶粉聚苯颗粒外墙外保温技术是针对国内建筑外墙外保温的需求而开发的成套技术？

与国外先进国家多层、高层建筑以组装式结构和钢结构做法为主不同，国内多层与高层建筑结构主要以内浇外砌、框轻结构和全现浇结构为主。国内结构的特点是：墙体基本为平整度较差的矿物基层组成，采用机械或粘贴安装固定外保温材料困难。在保温板施工前，由于基层平整度较差，往往需要一层外抹灰施工找平，或者由于建筑模数变化大，板裁剪切困难。ZL胶粉聚苯颗粒保温材料外墙外保温技术是吸收欧美等发达国家的先进经验,针对国内建筑结构的特点而自主开发研制的,由于该材料体系为现场成型体系,无论墙体平整度如何,模数变化如何,只要基准线确定,一般情况下均可通过保温浆料找平,大大加快了施工速度与提高了施工质量。

74. ZL胶粉聚苯颗粒外墙外保温技术的技术创新点主要体现在哪几个方面？

ZL胶粉聚苯颗粒外墙外保温技术的创新点主要体现在以下几个方面：

(1) 确立了外墙外保温"逐层渐变柔性抗裂的技术路线",彻底解决了外保温面层易出现裂缝的关键性技术难题,首家提出了面层开裂保修20年的质量承诺。同时实现了涂料、粘贴面砖等保温饰面层做法的多样化。

(2) 确立了外墙外保温无空腔体系做法,杜绝了风压特别是负风压对高层建筑保温层的破坏。

(3) 充分考虑了风荷载、地震、火灾、水或水蒸气以及热应力等五种破坏力对高层建筑的作用影响,并在材料性能及构造做法上采取了各种安全措施。

(4) 充分考虑了建筑物的门窗洞口、梁、板、柱等部位的"热桥"问题,并有效地采取保温措施,提高建筑物外围护结构的保温效果。

(5) 充分利用国内粉煤灰、废聚苯板等可再生资源丰富的有利条件,创造了一种比石膏更耐水、比水泥保温性能更好的胶凝材料体系。实现了利废再生,资源综合利用,有利于保护环境,经济效益、社会效益俱佳。

(6) 选用了高分子保水材料、发泡材料与粉状粘接材料复合材料体系,解决了聚苯颗粒和易性差的技术难题,一次施工厚度可达4cm以上,大幅度提高外保温工程的施工速度。

(7) 解决了国外干拌粉与轻骨料混装在包装运输方面的难题,针对国内砂浆搅拌机的容积,采用胶粉料预混合干拌技术与聚苯颗粒轻骨料分装技术,避免了因称量不准而造成保温层保温效果不稳定的通病。

75. 为什么说ZL胶粉聚苯颗粒外墙外保温技术可适应高层建筑结构变形要求？

高层建筑结构在温差应力、风荷载、地震力等作用下都会出现变形,在正常使用条件下,高层房屋结构应处于弹性状态,并且具有足够的刚度,避免产生过大的位移而影响结构的承载力、稳定性和使用条件。否则结构侧向水平位移过大会使主体结构开裂,在结构外侧的保温层必须能适应结构的可变形性。

为了避免水平位移过大,在高层建筑结构设计时,必须控制如下两种水平位移:一为建筑物顶点的总水平位移U,二为建筑物各层间的相对水平位移ΔU。按弹性方法计算,楼层间位移与层高之比$\Delta U/h$,在全现浇钢筋剪力墙结构中限定值不宜超过1/900,而顶点总水平位移与总高度之比U/H,也不宜超过1/900。

弹性模量是描述材料弹性可变形的最具特征的力学性质,是物体变形难易程度的表征。下列数据是干密度为200kg/m³左右的ZL胶粉聚苯颗粒保温浆料与C20混凝土的弹性模量值。

材料名称	静力受压弹性模量(MPa)
C20混凝土	2.60×10^4
ZL胶粉聚苯颗粒保温浆料	1.06×10^2

从上述数据可以看出,ZL胶粉聚苯颗粒保温浆料的可变形量要比混凝土材料的可变形

量大两个数量级。因而在结构出现温差形变时，由于外保温层材料的可变形性远远大于基层，不会造成建筑结构保温面层由于温差变形而导致开裂；同样，在高层建筑使用的条件下，即使风荷载和地震作用会使混凝土结构造成一定的形变，但由于 ZL 胶粉聚苯颗粒保温浆料的可变形量远远大于基层混凝土材料，在正常条件下，ZL 胶粉聚苯颗粒保温浆料也不会因风荷载和地震作用等影响高层建筑基层结构变形而造成保温层及饰面层开裂和脱落。

76．为什么说 ZL 胶粉聚苯颗粒保温材料外保温墙饰面层可粘贴面砖？

在国外，聚苯板外墙外保温面层上一般规定不允许粘贴面砖，主要原因是，在聚苯板保温面层粘贴重量较大的面砖，等于在强度较小的泡沫板面上施加了一个较大的、恒重的剪切力，这个剪切力会导致聚苯板面层发生蠕变，从而导致面层开裂。在 ZL 胶粉聚苯颗粒保温材料外保温墙中，由于主体胶凝材料基本为不定型的高分子无机材料，聚苯颗粒在该胶凝材料的包裹下形成具有轻质、一定强度的亚弹性体，不会像单一聚苯板那样发生变形量较大的蠕变，饰面层粘贴面砖时，不会因为剪切变形而导致面层开裂。另外在结构设计上，ZL 胶粉聚苯颗粒保温层外挂钢网，抹 ZL 水泥抗裂砂浆之后再粘面砖，其柔性构造能够大大地分散材料的局部变形应力。

77．ZL 胶粉聚苯颗粒外墙外保温技术的工程造价优势是什么？

一般地说，在北京市结构体型系数小于 0.3、全现浇 20cm 厚混凝土结构的条件下，每平方米抹 ZL 胶粉聚苯颗粒保温材料 4.5cm 厚就可达到节能 50% 的设计要求，材料费用合计为 48.25 元/m^2（含抗裂防护层），综合人工等其他费用，每平方米一般在 65 元左右，因此，与其他外墙外保温材料相比，ZL 胶粉聚苯颗粒保温材料的基本价格是中等偏下。应当强调的是，在某些建筑结构中，如框架轻体墙结构和北京以南的地区如山东省、河北省南部地区等，采用 ZL 胶粉聚苯颗粒外墙外保温技术无疑是价格更低、墙面整体程度好、抗裂系统稳定性可靠的做法。

第六节 ZL 现浇混凝土复合有网聚苯板聚苯颗粒外墙外保温技术

78．ZL 现浇混凝土复合有网聚苯板聚苯颗粒外墙外保温技术的基本构造是什么？

ZL 现浇混凝土复合有网聚苯板聚苯颗粒外墙外保温技术的基本构造如图 3 所示。

79．ZL 现浇混凝土复合有网聚苯板聚苯颗粒外墙外保温技术主要解决了哪些技术难题？

在有网聚苯板（泰柏板）与混凝土外墙一次复合浇注成型的外保温做法中，采用 ZL 现浇混凝土复合有网聚苯板聚苯颗粒外墙外保温技术，可解决如下技术问题：

（1）采用 ZL 胶粉聚苯颗粒浆料将聚苯乙烯芯板外露的钢丝网抹平覆盖后，解决了穿透泰柏板的斜插钢丝的热流损失，提高了保温效果；

（2）外保温抗裂防护层遵循柔性渐变的技术路线，采用 ZL 水泥抗裂砂浆复合耐碱网格布的做法，取代了原水泥砂浆抹平钢丝网这种易造成面层开裂的做法，解决了面层易产生裂缝的技术难题；

（3）与水泥砂浆相比，保温体系采用 ZL 胶粉聚苯颗粒保温浆料，每平方米减轻 50kg 左右荷载，缓冲了其抵御地震破坏力的能力。

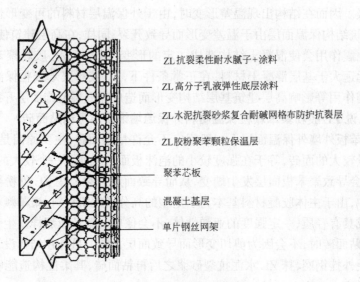

图 3 基本构造示意图

80．为什么说钢丝网架聚苯乙烯芯板组合浇注混凝土体系宜采用 ZL 胶粉聚苯颗粒保温浆料作为找平及补充保温材料？

在钢丝网架聚苯乙烯芯板组合浇注混凝土体系中，采用 ZL 胶粉聚苯颗粒保温浆料代替普通水泥砂浆作为找平及补充保温材料的优点主要表现在以下几个方面：

(1) 钢丝网架聚苯乙烯芯板每平方米约有 200 根插透聚苯板的斜插钢丝，这些钢插丝与混凝土墙体浇注于一体，造成了很大的热桥，经实测热流损失在 35%～40%。采用 ZL 胶粉聚苯颗粒保温浆料代替普通水泥砂浆作为抹灰材料，可以大幅度地阻断由于大量斜插钢丝所造成的热桥，提高保温效果。

(2) ZL 胶粉聚苯颗粒保温浆料为轻质抹灰材料，与聚苯板的粘结性能为 0.1MPa 左右，基本与聚苯板内部强度相等，而普通水泥砂浆在未进行界面处理的情况下与聚苯板的粘接性能差，形不成有效粘接，所以从使用安全性能上说，ZL 胶粉聚苯颗粒保温浆料要比普通水泥砂浆好得多。

(3) 与水泥砂浆相比，保温体系采用 ZL 胶粉聚苯颗粒保温浆料，每平方米减轻 50kg 左右荷载，提高了其抗震性能。

(4) ZL 胶粉聚苯颗粒保温浆料有完整的面层抗裂配套材料，抗裂性能要大大优于普通水泥砂浆。

81．在钢丝网架聚苯乙烯芯板组合浇注混凝土体系中，采用 ZL 胶粉聚苯颗粒保温浆料作补充保温实际可以提高多少热工性能？

采用钢丝网架聚苯乙烯芯板组合浇注混凝土进行外墙外保温施工，由于钢丝网架聚苯乙烯芯板每平方米约 200 根斜插钢丝，这些钢丝在表面抹灰层与墙体之间存在着很大的热桥。按中国建筑科学研究院物理所的测试数据，50mm 厚的钢丝网架聚苯乙烯芯板，其热阻仅为 $0.65m^2 \cdot K/W$，传热系数 $1.53W/(m^2 \cdot K)$，与同厚度的聚苯板相比，热流损失达 35%～40%，不能满足节能要求；复合 2cm 厚 ZL 胶粉聚苯颗粒保温浆料后，其热阻实测为 $0.94 m^2 \cdot K/W$，传热系数 $0.87W/(m^2 \cdot K)$，提高保温效果 30% 左右，可满足节能标准要求。

82. 钢丝网架聚苯乙烯芯板复合聚苯颗粒后热工性能的检验结果是什么?

检验设备:JW-1型墙体保温性能检测装置

检验依据:GB/T 13475—92 建筑构件稳态热传递性质的测定 标定和防护热箱法

检验条件:热室空气温度31.9℃、冷室空气温度9.2℃

样品名称:舒乐舍板复合2cm的ZL保温浆料

钢丝网架聚苯乙烯芯板热工性能对比的检测结果见表20。

表20

编号	质检日期	质检报告编号	检验项目	检测结果	检测单位
1	2001.9.11-12	振利质检(能)字(2001)第001号	热 阻	$R=0.965 m^2 \cdot K/W$	北京振利高新技术公司品质部质量检验中心
2	2001.9.12-13	振利质检(能)字(2001)第002号	热 阻	$R=0.98 m^2 \cdot K/W$	北京振利高新技术公司品质部质量检验中心
3	2001.9.13-14	振利质检(能)字(2001)第003号	热 阻	$R=0.98 m^2 \cdot K/W$	北京振利高新技术公司品质部质量检验中心

第七节 ZL现浇混凝土复合无网聚苯板聚苯颗粒外墙外保温技术

83. ZL现浇混凝土复合无网聚苯板聚苯颗粒外墙外保温技术的基本构造是什么?

ZL现浇混凝土复合无网聚苯板聚苯颗粒外墙外保温技术的基本构造如图4所示。

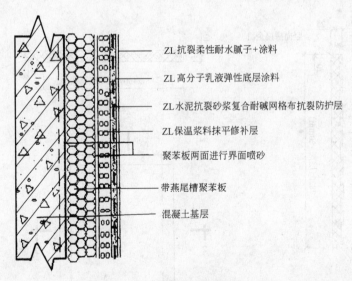

图4 基本构造示意图

84. 在组合浇注混凝土体系中,对发泡聚苯乙烯板的材质有哪些要求?

应采用高密度自熄型EPS制品,具有良好的隔热性、耐候性和耐久性,还应具有吸水率很小、温度变形系数小、重量轻、易加工等优点,并经国家消防检测部门检测,北京市消防局备案。其物理机械性能见表21。

EPS板物理机械性能表　　　　　　　　　表21

序号	项目	性能指标	序号	项目	性能指标
1	容重(kg/m³)	20	6	抗剪强度	0.15MPa
2	防火等级	B_1	7	抗拉强度	0.3MPa
3	导热系数(W/(m·K))	0.04	8	长期耐热度	85℃
4	压变形(2%的压力)	0.035 MPa	9	线膨胀系数	0.5mm/℃
5	吸水率	2.3%			

85. EPS板与混凝土共同组成复合墙体时,其厚度如何确定?

建筑热能主要通过墙体、门窗、管道等部位散失,其中墙体散热约占70%~80%,因此墙体保温是节能的主要因素。根据《北京市民用建筑节能设计标准》(DBJ 01—602—97)第5.2.3条之规定,外墙传热系数不得大于1.16W/(m²·K)(体形系数小于0.3),选用该标准中表D.0.1.1外墙保温构造简图标定的EPS板的厚度为40mm,考虑到板缝跑浆、穿墙螺孔等热桥因素,实际选用厚度为50mm,其外墙平均传热系数为1.12 W/(m²·K),小于1.16 W/(m²·K),符合标准规定的外保温层厚度要求。

86. EPS板的加工形式是怎样的?

EPS板的加工形式是"密间距窄条燕尾槽",采用电热丝热切割的方法进行加工。用调压器,在功率不变的条件下,降低电压加大电流,使电热丝发热,电热丝沿着用镀锌薄铁皮裁剪成的模片,对EPS进行热切割加工。使EPS与混凝土的接触面切成连续凹凸的燕尾槽。板的四边切成企口。具体形式见图5。

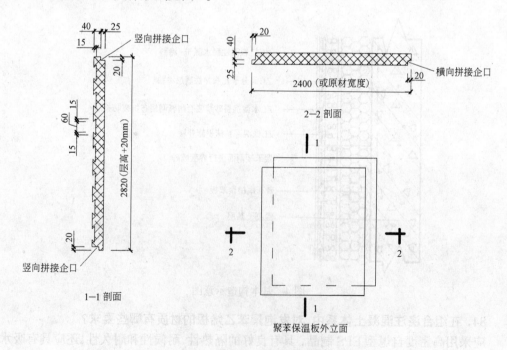

图5　保温板加工形式示意图

87. 为什么在无网 EPS 板组合浇注混凝土外墙外保温体系中,宜采用带燕尾槽的 EPS?

密间距窄条燕尾槽 EPS 板与外墙混凝土形成全面可靠的咬合连接,其抗拉拔力可达 0.13MPa,大于 0.1MPa 的标准要求。如在 EPS 板燕尾槽表面进行喷砂界面预处理,会进一步提高 EPS 板与混凝土之间的粘结力。这种密间距窄条燕尾槽的咬合连接方法,消除了保温板与外墙面之间的空腔,无论是在直墙面还是在转角处,都能省去胶粘和钉锚,具有良好的抗负风压性,提高了牢固性,降低了造价。

根据工程现场多次对 EPS 板与墙体咬合力实际拉拔实验时发现,EPS 板燕尾槽凹底与混凝土界面处均完好脱离,而浇注在混凝土中的 EPS 板燕尾槽凸脊部位均被破坏,这充分说明平面 EPS 板与现浇混凝土的吸附力并不可靠,EPS 板与混凝土的咬合力主要是靠混凝土浇注时,在混凝土中的占 EPS 板表面积 50% 的凸脊部位的咬合力。所以说在无网 EPS 板组合浇注混凝土外墙外保温体系中,宜采用外面喷砂预处理后的带燕尾槽的 EPS 板。

88. 什么是 ZL 喷砂界面剂?其性能指标是什么?

ZL 喷砂界面剂是以聚苯板具有良好粘结性能的合成树脂乳液为主要粘结剂,以砂粒、石材微粒和石粉为骨料制得。ZL 喷砂界面剂的性能指标见表 22。

ZL 喷砂界面剂的性能指标　　　　表 22

项　目			技　术　指　标
容器中状态			搅拌后无结块,呈均匀状态
施 工 性			喷涂无困难
低温贮存稳定性			3 次试验后,无结块、凝聚及组成物的变化
热贮存稳定性			1 个月试验后,无结块、霉变、凝聚及组成物的变化
干燥时间(表干),(h)			≤4
粘结强度(MPa)	与水泥砂浆块	标准状态	≥0.70
		浸水后	≥0.50
	与聚苯板	标准状态	聚苯板破坏时喷砂界面完好
		浸水后	聚苯板破坏时喷砂界面完好
	与胶粉聚苯颗粒保温浆料试块	标准状态	保温试块破坏时喷砂界面完好
		浸水后	保温试块破坏时喷砂界面完好

89. ZL 喷砂界面剂是怎样处理组合浇注混凝土体系中的聚苯板表面的?

在聚苯板与混凝土复合一次浇注成型的外保温工程中,浇注混凝土前,如没有对聚苯板做界面喷砂预处理,由于聚苯板暴露时间过长,表面会形成降解粉化层。据北京现场实验观察,裸露聚苯板年粉化厚度约 1.5mm。如果这种粉化降解层不予处理,则易发生表层的空鼓现象。为解决此问题,施工时需用喷枪在 10kg 气压下均匀喷涂在聚苯板面上,形成粘结性能良好的、凹凸状的、新的与有机和无机材料都能粘结的界面涂层,能有效增强聚苯板与抹灰层之间的粘结力。

90. ZL 喷砂界面剂的性能测试数据是什么?

检验依据:Q/FTZLG—2001《ZL 喷砂界面剂》　　检测日期:2001 年 11 月 15 日
检测报告编号:ZN 2001—266　　检测单位:北京市建筑材料质量监督检验站
检测数据见表 23。

ZL 喷砂界面剂的性能测试指标　　　　　表 23

序号	检验项目		技术要求	检验结果
1	容器中状态		搅拌后无结块,呈均匀胶状	无结块,呈均匀胶状
2	施工性		喷涂无困难	喷涂无困难
3	低温稳定性		3 次试验后,无结块、凝聚及组成物的变化	无结块、霉变、凝聚及组成物的变化
4	热贮存稳定性		1 个月试验后,无结块、霉变、凝聚及组成物的变化	无结块、霉变、凝聚及组成物的变化
5	干燥时间(表干),(h)		≤4	1.5
6	粘结强度(标准状态)(MPa)	与水泥砂浆块 标准状态	≥0.70	0.86(水泥砂浆破坏)
		与水泥砂浆块 浸水后	≥0.50	0.98(水泥砂浆破坏)
		与聚苯板 标准状态	聚苯板破坏时喷砂界面完好	聚苯板破坏时喷砂界面完好
		与聚苯板 浸水后	聚苯板破坏时喷砂界面完好	聚苯板破坏时喷砂界面完好
		与ZL胶粉聚苯颗粒保温浆料试块 标准状态	保温试块破坏时喷砂界面完好	保温试块破坏时喷砂界面完好
		与ZL胶粉聚苯颗粒保温浆料试块 浸水后	保温试块破坏时喷砂界面完好	保温试块破坏时喷砂界面完好

91. ZL 喷砂界面剂粘结强度的现场实测结果是什么?

ZL 喷砂界面剂粘结强度的现场实测结果见表 24。

ZL 喷砂界面剂粘结强度的现场实测结果　　　　　表 24

委托单位	宏基源房地产开发有限公司	检测日期	2001 年 9 月 10 日
试验名称	聚苯板与墙、界面剂与聚苯板黏结强度测试	执行标准	JGJ 110—97
检测地点	西局小区 1 号楼施工现场	环境温度	25~30℃
测试仪器	数显示黏结强度检测仪 ZQS-IS	黏结材料	ZL 喷砂界面剂

检测图示

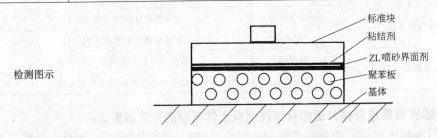

检测记录:

编号	试件尺寸(mm)	受拉面积(mm²)	黏结力(kN)	黏结强度(MPa)	破坏状态	抽样部位	备注
1	45×95	4275	0.89	0.21	聚苯板破坏	一层北侧	
2	45×95	4275	0.83	0.19	聚苯板破坏	一层北侧	
3	45×95	4275	0.75	0.18	聚苯板破坏	一层北侧	
4	45×95	4275	0.91	0.21	聚苯板破坏	一层西侧	
5	45×95	4275	0.78	0.18	聚苯板破坏	一层西侧	
6	45×95	4275	0.80	0.19	聚苯板破坏	一层西侧	
平均			0.83	0.19			

92. 如何施工EPS外墙外保温复合模板?

(1) 模板体系

A. 外墙内侧面采用标准大钢模板。

B. 外墙外侧依次采用EPS板及组合钢模板,组合模板用小钢模预先组拼成大块模板,穿墙螺栓位置与内侧大钢模相对应。由于EPS板本身具备一定强度,其外侧的组合模板实际上起到一个背部支撑的作用,只要保证足够的刚度及强度即可,模板表面的平整度可不做要求。外墙外侧工作面可使用与全钢大模板配套施工的外挂架,随结构进度逐层提升,支撑采用内侧单面支撑,拉顶结合以控制模板垂直度。基本构造见图6。

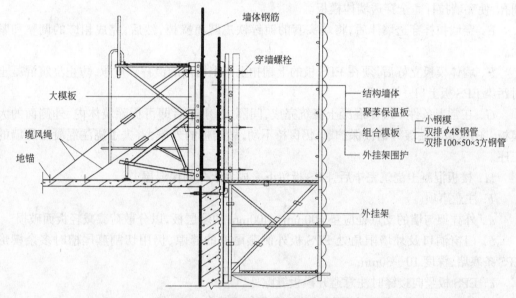

图6 外墙保温复合模板体系示意图

C. 组合模板组拼方式:P3015小钢模竖放横拼,竖向拼接两块即满足高度要求,横向遇内侧大模板螺栓孔位置让出缝隙,背楞先横后竖,横楞采用双排Φ48钢管,沿高设5道,竖楞采用双排100×50×3方钢管,随穿墙螺栓位置设置。拐角部位使用定型角模,两边与平模用U形卡满上。另配备一定数量宽150mm、100mm的小钢模调节尺寸,同时可调节小钢模间缝隙宽度,确保角模与平模的拼接牢固,缝隙宽度最大不得超过60mm。拼装方式见图7。

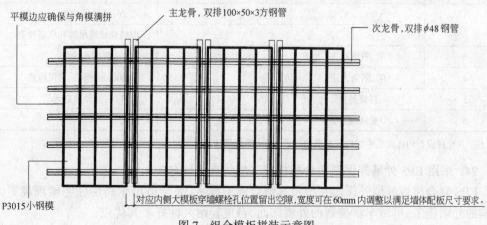

图7 组合模板拼装示意图

(2) 支模板施工工艺

A．在 EPS 外墙模板系统支模时，首先将 EPS 板就位于外墙钢筋的外侧，就位时可用绑扎丝扎透 EPS 板与墙体网片筋适当绑扎固定，板与板之间的企口缝要涂胶并尽可能紧密。

B．将外墙内侧向的大模板准确就位，调整好垂直度，立模的精度要符合标准要求，并固定牢靠，使该模板成为基准模板。

C．插穿墙拉杆及塑料套管和管堵，并在穿墙拉杆的端部，套上一节镀锌铁皮圆筒。此时暂不穿透墙体。

D．将外墙外侧组合模板就位，此时二次插穿墙拉杆利用圆铁皮筒，将 EPS 板切出一个圆孔，使穿墙拉杆完全穿透墙体模板。

E．穿墙拉杆穿透墙体后，将端头套的镀锌铁皮圆筒摘掉，然后，完成相应的调整和紧固。

F．墙体模板立好后，须在 EPS 板的上端扣上一个槽形的镀锌铁皮罩，防止浇筑混凝土时污染 EPS 板上口。

G．在常温条件下墙体混凝土浇筑完成，间隔 12 小时后即可拆除墙体内、外侧面的大模板。EPS 板上端镀锌钢板保护罩，仍保持不动，做楼板的外模，省去了浇注混凝土导墙的工序。

H．楼板混凝土浇筑完毕后，EPS 板留下来成为永久的保温层。

I．注意事项

a．外挂架与墙的支点处应垫 400mm×400mm 的多层板，以分散荷载减轻板面破损。

b．门窗洞口及外墙阳角处 EPS 板外侧燕尾槽的缝隙，仍用切割燕尾槽时多余楔形 EPS 条塞堵，深度 10～30mm。

c．EPS 板竖向接缝时注意避开模板缝隙处。

93．EPS 外墙外保温复合模板的施工质量标准是什么？

EPS 外墙保温复合模板的施工质量标准是在墙体混凝土浇筑完，EPS 板侧的组合模板拆除后，对 EPS 板的安装质量进行实测实量，其允许误差见表 25。

EPS 板墙面允许误差　　　　　表 25

项　次	项　目		允许偏差(mm)	检查方法
1	表面平整		5	用 2m 靠尺和楔形塞尺检查
2	垂直度	每　层	7	用 2m 托线板检查
		全　高	22	用经纬仪或吊线和尺量检查
3	阴、阳角垂直		6	用 2m 托线板检查
4	阴、阳角方正		3	用 200mm 拐尺、塞尺检查
5	接缝高差		≤4	用直尺、塞尺检查
6	板间缝隙		≤8	尺量

注：其允许误差均比规范中级抹灰标准增加了 2mm，待面层抹聚苯颗粒即可达到规范要求。

94．采用 EPS 外墙外保温复合模板施工的优点是什么？

EPS 复合模板外墙外保温系统及其综合施工技术，完全适用于高层住宅楼现浇剪力墙结构的外墙施工，可做丰富美观的外墙饰面，自重轻耐久性好。其优点：

(1) 外墙结构与保温层施工同步化；
(2) 外模板与保温层材料一体化，外保温层与主体结构咬合牢固；
(3) 减少钢制大模板数量；
(4) 施工便捷，完全阻断外墙热桥提高建筑物的保温效果；
(5) 对主体结构有保护作用。

总之，该系统有助于提高质量、降低造价、简便施工、缩短工期等优异的综合性能。

95．为什么在聚苯板组合浇注混凝土体系中需选用 ZL 胶粉聚苯颗粒保温浆料进行修补找平？与采用普通水泥砂浆比较，其优点是什么？

选用与聚苯板的导热系数、干密度和弹性模量均相近的 ZL 胶粉聚苯颗粒保温浆料作为找平抹灰材料，这是因为：

(1) 聚苯板与 ZL 胶粉聚苯颗粒保温浆料的导热系数相近，不会造成过大的热应力变形差值。20～25kg 聚苯板的导热系数为 0.04W/(m·K)，而 ZL 胶粉聚苯颗粒保温浆料的导热系数不大于 0.059W/(m·K)，两者较为接近，在温度发生变化时两种材料的热膨胀形变相近，不会造成很大的热应力差值，从而也不会导致 ZL 胶粉聚苯颗粒保温浆料在聚苯板面层上开裂。对比普通水泥砂浆的导热系数约为 0.93W/(m·K)，石灰水泥砂浆的导热系数约为 0.87W/(m·K)。这两种材料与聚苯板导热系数相差大，容易产生温差裂缝。

(2) ZL 胶粉聚苯颗粒保温浆料收缩率低，干缩率不到 3‰，固化时收缩小，可变形性好，而且含有大量纤维，具有明显的抗裂作用，这就能使 ZL 胶粉聚苯颗粒保温浆料能在聚苯板基层上形成一个整体。

(3) ZL 胶粉聚苯颗粒保温浆料具有粘结力强、自重轻的特性。ZL 胶粉聚苯颗粒保温浆料的干密度≤230kg/m³，由于材料中加有再分散有机乳液粉末，粘结强度大于 0.15MPa，而水泥砂浆干密度为 1700～1800 kg/m³，粘结强度为 0.4MPa。保温浆料层厚度为 1.5cm 时，每平方米保温浆料重量不超过 3.45kg，而相同厚度的水泥砂浆则为 25.5～27kg。从两者的干密度与粘结强度的比值来分析，ZL 胶粉聚苯颗粒保温浆料比水泥砂浆高 100 倍，减轻了保温体系的荷载负担，使用功能更可靠。

96．北京市建筑设计研究院宿舍楼抹 ZL 胶粉聚苯颗粒保温浆料前后热工性能指标实测结果是什么？

采用 ZL 现浇混凝土复合无网聚苯板聚苯颗粒外保温技术，可有效提高建筑物的保温效果。北京建筑设计研究院住宅楼利用 1 年的时间进行了现场实际测试，采集数据表明：原聚苯板复合浇注混凝土墙体的传热系数为 0.85W/(m²·K)，热阻 1.02m²·K/W；在其上复合 2cm 厚的 ZL 胶粉聚苯颗粒保温浆料后，传热系数为 0.6W/(m²·K)，热阻 1.52m²·K/W；保温效果提高了 30%。

97．北京市建筑设计研究院宿舍楼组合浇注聚苯板体系冻融试验的检测结果是什么？

北京建筑设计研究院宿舍楼组合浇注聚苯板体系冻融试验的检测结果见表 26。

表 26

检测日期	检测报告编号	检测项目	检测结果	检测单位
2000.06.15	B00(QT)0036	冻融性能	经 10 次冻融循环后，试件无裂缝	北京市建设工程质量检测中心建筑节能检测室

98．ZL 现浇混凝土复合无网聚苯板聚苯颗粒外墙外保温技术抗剪强度的检测结果是什么？

委托单位：中建一局华中公司　　　　30mm 厚聚苯板　　　　试验编号：57

砂浆种类：ZL 胶粉聚苯颗粒保温浆料

砌筑日期：2000 年 8 月 2 日　　　　　　　　　　　　　试验日期：2000 年 8 月 28 日

ZL 现浇混凝土复合无网聚苯板聚苯颗粒外墙外保温技术抗剪强度的检测结果如表27。

表 27

编号	工程部位	试件面积尺寸（长 mm×宽 mm）	受压面积（mm^2）	总压力（N）	抗剪强度（N/mm^2）	平均抗剪强度（N/mm^2）	备注
1	北京建筑设计研究院外保温板抹保温砂浆	100×99	9900	1360	0.137	0.129	局部压坏
2		100×120	12000	1800	0.150		结合面剪开
3		98×118	11564	1200	0.104		局部压坏
4		100×116	11600	1400	0.121		结合面剪开
5		100×116	11600	1480	0.128		结合面剪开
6		96×112	10848	1480	0.136		结合面剪开

提要：参照 GB/T 17371—98 标准　　取 0.103 N/mm^2 粘结强度(剪切)

99．ZL 现浇混凝土复合无网聚苯板聚苯颗粒外墙外保温技术主要解决了哪些技术难题？

在聚苯板与混凝土复合一次浇注成型的外保温做法中，采用 ZL 现浇混凝土复合无网聚苯板聚苯颗粒外墙外保温技术，先在聚苯板双表面采用 ZL 喷砂界面剂处理，用 ZL 胶粉聚苯颗粒保温浆料找平，再用 ZL 水泥抗裂砂浆复合耐碱网格布作外保温的抗裂防护层，然后做涂料饰面，主要解决了以下 4 个问题：

(1) 使聚苯板内表面与混凝土墙体牢固粘结，解决了有机与无机材料粘结不好的问题，同时防止聚苯板外表面由于长时间暴露于外面形成粉化层以及解决了水泥砂浆污染问题。

(2) 减少了聚苯板表面由于受混凝土侧压力影响而造成的平整度不良问题；

(3) 能够消除门窗洞口侧面的局部热桥。

(4) 柔性抗裂体系是聚苯板表面防护层的最佳配制。

100．ZL 现浇混凝土复合无网聚苯板聚苯颗粒外墙外保温技术的技术控制点是什么？

采用 ZL 现浇混凝土复合无网聚苯板聚苯颗粒外保温技术进行外墙外保温，其技术控制点为：

(1) 在与钢筋混凝土墙体整体浇注时，应选用带燕尾槽的聚苯板。这是因为，不带燕尾槽的聚苯板与混凝土墙体的结合力小，约为带燕尾槽的聚苯板的 1/10。

(2) 在浇注前，聚苯板两面均应进行界面喷砂。内面喷砂主要是提高聚苯板与混凝土墙体的结合能力；外侧喷砂主要是防止聚苯板受阳光曝晒后表层粉化和聚苯板外表面受到污染，数据表明，直接暴露于外面的聚苯板每年粉化层厚度约为 1.5mm。

(3) 在浇注混凝土施工时，要注意控制混凝土的坍落度、混凝土下料高度、下料位置以及振捣棒的插点位置，防止振捣棒局部打薄聚苯板，也要防止振捣不密实或漏震，造成聚苯板局部空鼓,从而出现聚苯板与结构墙体结合不好的现象。

(4) 应采用 ZL 胶粉聚苯颗粒保温浆料进行修补找平,填补穿墙螺孔,解决聚苯板表面平整度差和墙角、阳台角的垂直度达不到验收标准等问题。

第八节　ZL岩棉聚苯颗粒外墙外保温技术

101．什么是岩棉？具有什么特性和类型？

岩棉是以精选的玄武岩、辉绿岩为主要原料,外加一定数量的辅助料,经高温熔融喷吹制成的人造纤维,具有不燃、无毒、质轻、导热系数低、吸音性能好、绝缘、化学稳定性能好、使用周期长等特点,是国内外公认的理想保温材料。其主要类型有岩棉板、岩棉毡、岩棉带、岩棉管壳等。

102．在我国目前岩棉作为保温材料没有得到推广应用的原因是什么？

岩棉作为优质保温材料,目前在我国主要应用于工业建筑(如工业窑炉、船舶等)上,而且应用量相对比较少。在民用建筑上,岩棉的应用还很少,这主要是因为目前的技术还不能解决好岩棉板的安装固定、吸湿等问题以及岩棉板表面抹灰层易开裂脱落的问题,从而严重阻碍了岩棉的推广应用。

103．当前岩棉板的具体类型有哪些？各有什么特点？

按生产工艺分,岩棉板可分为沉降法岩棉、摆锤法岩棉和三维法岩棉。各自特点见表28。

不同类型岩棉的性能特点　　表28

项目	单位	岩棉类型		
		沉降法岩棉	摆锤法岩棉	三维法岩棉
密度	kg/m³	≤150	≥150	≥150
纤维平均直径	μm	≤7	4～7	4～7
渣球含量(颗粒直径>0.25mm)	%	≤12.0	≤6.0	≤6.0
有机物含量	%	≤4.0	≤4.0	≤4.0
导热系数(70℃)	W/(m·K)	≤0.044	≤0.041	≤0.041
不燃性	—	A级	A级	A级
吸湿率	%	≤5	≤1.0	≤1.0
憎水率	%	≥98	≥98	≥98
抗压强度(10%压缩量)	kN/m²	<30	≥40	>50
剥离强度	kPa	<10	≥14	>18
热荷重收缩温度	℃	≥600	≥650	≥650
负荷等级	—	小	中	大

104．不同类型的岩棉板的成型机理是什么？

(1) 沉降法岩棉是将原材料和燃料一并加入冲天炉内熔化后,经高速离心机的离心辊旋转切向离心力将熔流分散牵引,形成很细的纤维,再借助高压风的压力将纤维吹入吸棉室,同时在集棉室提供的高压状态下,使形成的纤维均匀分布沉积在传送带上而制成的。

（2）摆锤法岩棉也是将原材料和燃料一并投入冲天炉经高温熔化后,在离心力作用下将熔流牵伸成纤维,并将纤维送至集棉机,纤维在集棉机负压风抽吸作用下,落到高速运行的集棉带上,形成很薄的棉毡,棉毡经过输送机被送入摆锤输送机,经摆锤带往复摆动铺设在与其成90°布置的二次输送机上,最后制成成品岩棉。

（3）三维法岩棉的生产工艺与摆锤法岩棉相似,只是在最后成型时使很薄的棉毡不是像摆锤法岩棉一样平行铺贴,而是各层相互弯曲绕制而成,棉毡呈三维分布,所以其抗压强度和剥离强度都比摆锤法岩棉要高。

由于不同类型的岩棉的成型机理不同,从而造成机械强度上存在一定的差异。沉降法岩棉是由纤维按顺序平行堆积而形成的,纤维相互交织得比较少,所以其抗压强度、剥离强度都很小;摆锤法岩棉由于采用了当今世界上较先进的成型工艺,纤维相互交织,基本上呈三维分布,虽然成型后的岩棉板仍易分层,但其抗压强度和剥离强度都有了很大的提高;三维法岩棉不仅纤维呈三维分布,而且各层的棉毡也是相互交织呈三维分布,所以其抗压强度和剥离强度就更高。

105．不同类型的岩棉板的导热系数有何差异？其原因是什么？

沉降法岩棉的导热系数比较大,而摆锤法岩棉和三维法岩棉的导热系数都比较小,这是由于沉降法岩棉渣球含量比较大,在相同纤维含量下,沉降法岩棉的密度最大,而岩棉的导热系数是随着密度的增大而增大的,所以沉降法岩棉的导热系数较大,摆锤法岩棉和三维法岩棉由于渣球含量低而导热系数也比较低。

106．在我国岩棉外墙外保温开发过程中,主要存在哪些技术难题？

在我国岩棉外墙外保温开发过程中,主要存在如下技术难题：
（1）岩棉质软、易分层、强度低,难于上墙固定；
（2）岩棉荷载能力很差,难于在其表面上进行抹灰处理；
（3）岩棉易吸水,必须进行防水处理；
（4）抹灰层开裂问题不易得到解决；
（5）饰面层耐候性问题受以上因素制约难以得到解决。

107．岩棉外墙外保温的一般特点是什么？

一般地说,岩棉外墙外保温具有如下特点：
（1）增加了外墙的保温性能和保护性能；
（2）基本上可以消除"热桥"；
（3）改善了室内的环境质量,减少了采暖热负荷；
（4）热容量得到了提高；
（5）墙体潮湿状况得到了改善；
（6）墙体气密性能得到了提高,减少了墙体内表面的结露现象；
（7）可适用各种类型的建筑墙体,如混凝土结构、加气混凝土结构、砖混结构以及木结构；
（8）防火性能好,吸音性能优异,耐久性能好。

108. 不同类型的岩棉板在建筑物外墙外保温中适用的高度范围是什么？其计算依据是什么？

沉降法岩棉适用于20m以下的多层建筑保温，摆锤法岩棉适用于60m以下的建筑保温，三维法岩棉适用于100m以下的建筑保温。其计算应根据各种岩棉自身的抗压强度和剥离强度并参照了《民用建筑节能设计标准》、《建筑抗震设计规范》、《玻璃幕墙工程技术规范》和《建筑结构荷载规范》等规范。

109. 为什么要开发ZL岩棉聚苯颗粒外墙外保温技术？

开发ZL岩棉聚苯颗粒外墙外保温技术，可以建立起耐候性能好、防火灾性能更可靠、保温性能更好的外墙外保温材料体系和施工方法。目前国内外墙外保温体系主要是聚苯板或聚苯颗粒浆料体系，其最明显的缺点是寿命不能够完全与建筑结构同步，一般使用期为20~25年左右，不能满足中高层建筑结构50年以上设计年限的需要；另一缺点就是其抗火灾性能差。而采用岩棉体系进行外墙外保温由于岩棉的导热系数低和不燃性，不仅可以满足保温的要求，而且可以显著提高保温层的使用寿命，达到与建筑结构设计寿命同步，并且抗火灾性能也更好，遇到大火后保温层也不会出现变形。

110. ZL岩棉聚苯颗粒外墙外保温技术的基本构造是什么？其优点是什么？

ZL岩棉聚苯颗粒外墙外保温体系的基本构造见表29。

岩棉聚苯颗粒外墙外保温体系基本构造　　　　　表29

基层墙体①	系统的基本构造						构造示意图
	保温层②	锚固层③	界面层④	找平层⑤	抗裂层⑥	涂料饰面基层⑦	
钢筋混凝土墙、混凝土空心砌块墙、加气混凝土墙、粘土实心砖墙、粘土多孔砖墙、灰砂砖墙等	岩棉板	机械锚固件及钢丝网	ZL界面处理砂浆	ZL胶粉聚苯颗粒保温浆料	ZL水泥抗裂砂浆压入ZL耐碱涂塑玻纤网格布	面层涂ZL高分子乳液弹性底层涂料，刮ZL抗裂柔性耐水腻子	

其优点在于固定可靠、承载力强，抗风荷载能力强，防水性能好，耐冻融性好，保温效果优异，面层采用柔性渐变技术可有效地防止面层开裂问题。

111. 岩棉板的固定方式主要有哪些？如何确定其机械固定件？

岩棉板可以根据建筑物的不同高度，分别选用不同的固定方式：

(1) 20m以下的建筑，可只选用普通锚固件进行固定岩棉板，并采用双网结构；

(3) 20~60m的建筑，选用专用锚固件进行锚固，并且采用双网结构；

(3) 60m以上的建筑，要用专用粘结剂粘岩棉板，再用专用锚固件进行固定，采用双网结构，并对岩棉隔层加托。

选用锚固件时，要考虑锚固件的锚固深度、承载力、抗老化能力以及锚固后的抗拉能力等。

112．ZL 岩棉聚苯颗粒外墙外保温技术对界面剂的要求是什么？ZL 喷砂界面剂的作用是什么？

使用 ZL 喷砂界面剂喷涂在岩棉板上，可以改善岩棉板的表面性能，提高岩棉板的表面强度和防水性，提高了岩棉板与抹灰材料的粘结性能，同时 ZL 喷砂界面剂对镀锌钢丝网还可起到保护作用。因此要求 ZL 喷砂界面剂应有很高的粘结强度和耐水性，pH 值要求≥9。

113．在岩棉聚苯颗粒外墙外保温技术中，选用 ZL 胶粉聚苯颗粒保温浆料作外抹平层有哪些优点？

在岩棉聚苯颗粒外墙外保温技术中，选用 ZL 胶粉聚苯颗粒保温浆料作外抹平层的优点主要有：

(1) ZL 胶粉聚苯颗粒保温浆料具有很好的粘结性能，可很好地与岩棉界面层粘结在一起；

(2) ZL 胶粉聚苯颗粒保温浆料导热系数低，可有效地防止因使用机械固定件以及钢丝网而可能产生的冷、热桥，同时还可以对梁、柱、门窗口侧立面等特殊部位进行补充保温；

(3) ZL 胶粉聚苯颗粒保温浆料的湿密度和干密度都比较小，可有效解决岩棉保温层荷重减小的问题；

(4) ZL 胶粉聚苯颗粒保温浆料变形能力强、柔韧性好，具有很好的抗裂性能，可有效地防止面层开裂。

114．在 ZL 岩棉聚苯颗粒外墙外保温技术中，为什么采用"双网结构"？具有什么作用？

针对岩棉板质软、易分层、强度低等特点，在 ZL 岩棉外墙外保温体系中采用了"双网结构"。第一层镀锌钢丝平网主要用于加固岩棉板，分散受力部位，使岩棉板各个部位的受力均匀，降低了岩棉板易剥离的可能性，提高机械锚固中整体锚固能力，增强其抗风荷载的能力；同时，该网还可以起到分散应力的作用，有效地防止了因应力作用而开裂的问题。第二层耐碱玻璃纤维网格布经纬向抗拉强度一致，能使所受的变形应力均匀向四周分散，从而使复合于水泥砂浆中的耐碱网格布长期稳定地起到抗裂和抗冲击的作用。所以，采用"双网结构"不仅对岩棉板的加固、防分层以及抗风压起到了很好的作用，同时也起到了防裂和抗冲击作用。

115．在 ZL 岩棉聚苯颗粒外墙外保温技术中，门窗洞口等特殊部位是如何处理的？

在 ZL 岩棉聚苯颗粒外墙外保温技术中，对门窗洞口等特殊部位的处理方法如下：

外墙面的窗口、门口的侧立面、上口、窗台等特殊部位要注意预留出抹 ZL 胶粉聚苯颗粒保温浆料保温层的厚度，以确保上述部位的保温效果。门、窗口四角处的保温层上应首先用 20cm×30cm 的网格布进行斜向 45°角加强。沿门、窗四周，每边至少应设置三个锚固件，同时用"L"型网片进行包边。门、窗口角应用玻纤网格布包裹增强，包裹网格布单边宽度不应小于 150mm。

116．ZL 岩棉聚苯颗粒外墙外保温技术的外饰面层是如何处理的？

先在抗裂面层上刷一层 ZL 高分子乳液防水弹性底层涂料，以加强整个体系的防水性和透气性，然后再刮一层 ZL 柔性抗裂耐水腻子进行找平，进一步加强整个体系的柔韧性及耐水性，最后作面层涂料。整个体系要求柔性由于向外逐层渐变，变形能力逐层加强。

117．为什么说 ZL 岩棉聚苯颗粒外墙外保温技术是一种比较合理的外墙外保温技术？

在民用建筑中，采用 ZL 岩棉聚苯颗粒外墙外保温技术进行外墙外保温具有优良的保温效果,可以提高室内的使用面积,耐火等级高,使用寿命长,可省去中途换补保温层的费用;同时施工简单、快捷,安全性好,与现有保温技术相比,具有更显著的经济效益和社会效益,是一种合理的、档次较高的建筑保温技术。

第九节　ZL框架砌体结构复合外墙外保温技术

118．用于建筑保温的砌块主要有哪些？在这些砌块上进行抹灰处理的主要技术误区是什么？

用于建筑保温的砌体主要有:加气混凝土砌块、轻质多孔砖、多孔灰砂砌块、空心轻质混凝土砌块、陶粒砖及石膏砌块等,这些砌体都存在大量的气孔结构,从而使它们的导热系数比较低,因而有比较好的保温隔热性能。

我国在这些砌体上进行抹灰处理时主要存在以下一些技术误区:

(1)未充分考虑到这些砌体与抹灰砂浆的导热系数差异、线膨胀系数差异,从而造成砌体与抹灰砂浆之间有较大的温度应力,以致产生温度裂缝;

(2)未充分考虑砌体与抹灰砂浆自身的收缩以及各自线性收缩系数的差异,从而产生干燥裂纹;

(3)采用的是"刚性防水的技术路线",高强、高密实度、高弹性模量的材料,没有留给温度应力充分释放的出路,最终导致抹灰层开裂。

119．框架砌体结构墙面抹灰层开裂的主要原因是什么？

框架砌体结构墙面开裂的主要原因有:

(1)砌体和抹灰砂浆自身存在各种收缩,如化学收缩、干燥收缩、自收缩、温度收缩及塑性收缩;

(2)砌体和抹灰砂浆的导热系数相差过大,从而在两种材料之间产生较大的温差而形成很大的温度应力;

(3)砌体和抹灰砂浆的线膨胀系数差异较大,使得两种材料在温度的作用下热胀冷缩的变形量不一致;

(4)砌体和抹灰砂浆的线收缩系数不一致,从而使得两种材料吸湿膨胀、干燥收缩的变形量不一致;

(5)抹灰砂浆的刚度、强度、密实度过大,阻碍了温度应力的释放;

(6)砌体本身的质量不合格或设计和施工不当。

120．加气混凝土墙面抹灰层开裂的主要原因是什么？加气混凝土内、外墙抹灰层开裂的原因有何异同？

除前述框架砌体结构墙面抹灰层开裂的原因外,加气混凝土墙面抹灰层开裂的主要原因还有:

(1)抹灰砂浆的保水性不能满足加气混凝土的吸水要求,使砂浆的硬化、强度和粘结力均受到影响,从而导致抹灰层出现空鼓、裂缝甚至脱落现象;

(2)选用的砌筑砂浆与加气混凝土的形变性质相差太大,从而易在砌缝处产生裂缝;

(3)加气混凝土与抹灰砂浆的弹性模量相差较大,适应变形的能力不一样,当发生变形时就易产生开裂;

（4）抹灰层的透气性不好，使得保存于加气混凝土中的水蒸气难以释放出来，从而在受冻时产生裂缝。

引起加气混凝土内、外墙面抹灰层开裂的原因存在着一定的差异。在加气混凝土上进行内墙抹灰时，由于加气混凝土的保温隔热作用，使得室内温度和湿度等的变化不会太大，所以内墙面抹灰层开裂主要与抹灰砂浆与加气混凝土的自身收缩、抹灰砂浆的保水性、加气混凝土砌块的质量以及设计和施工不当有关。而加气混凝土外墙面抹灰层开裂则与上面分析的各种原因都有关系，是多方面因素共同作用的结果。

121．解决加气混凝土墙面抹灰层开裂问题的技术方案是什么？

（1）用专用砌筑砂浆进行砌筑；

（2）做好墙面基层的处理，浇上适量的水以满足加气混凝土含水量的要求，再喷一层界面砂浆封闭加气混凝土墙面上的部分气孔以及增强抹灰砂浆与加气混凝土墙面的粘结能力；

（3）选用专用的抹灰砂浆进行抹灰处理。对于加气混凝土内墙面，可选用专用的内墙抹灰砂浆或粉刷石膏进行抹灰；

（4）抹抗裂砂浆压耐碱玻璃纤维网格布进行防裂处理，对于内墙面可以免除这一步；

（5）刷弹性底层涂料，刮抗裂柔性耐水腻子及刷涂面层涂料进行饰面层处理；

（6）选材时要求保温层、抹灰层、防裂层、饰面层各层材料的柔性及变形能力要由里向外逐层渐变、逐层加强，各层弹性模量变化指标相匹配逐层渐变，各构造层满足允许变形、限制变形相统一的原则，各层材料的性能满足随时分散和释放应力的要求，从而达到防裂的目的。各种材料的主要性能指标要求见表 30。

加气混凝土墙面抹灰材料主要性能指标要求　　　　表 30

项　目	加气混凝土	内墙抹灰砂浆	内墙粉刷石膏	外墙抹灰砂浆	抗裂防护层	柔性腻子层
密度(kg/m³)	400～700	≤1000	≤600	≤250	—	—
吸水率(%)	35～50	≥20	≥20	≥20	—	—
保水率(%)	0.081～0.29	≥75	≥75	≥75	≥50	≥50
导热系数(W/(m·K))	$(1.5～2.5)\times 10^3$	≤0.40	≤0.35	≤0.06	—	—
弹性模量(MPa)	8×10^{-6}	$\leq 5\times 10^3$	$\leq 5\times 10^3$	106	1100	—
线膨胀系数(mm/(m·℃))	≤0.8	$\leq 5\times 10^{-5}$	$\leq 5\times 10^{-5}$	$\leq 1\times 10^{-6}$	$\leq 5\times 10^{-5}$	$\leq 1\times 10^{-5}$
线收缩(mm/m)	2～8	≤1.05	≤0.8	≤3	≤3	≤3
抗压强度(MPa)	—	5.0～8.0	2.0～6.0	≤0.5	≤7	—
柔韧性	—	—	—	—	5%弯曲变形无裂纹	直径50mm，无裂纹
允许变形量	—	1‰	1‰	1‰	5%	10%

122．在框架砌体结构中，采用 ZL 胶粉聚苯颗粒保温浆料有什么优势？

在框架砌体结构中，往往易出现混凝土梁柱的保温效果达不到要求、整个外墙平均传热系数达不到节能 50% 的设计要求以及混凝土梁柱与轻体砌块之间由于材料的温差变形差异不同出现结合部易开裂等质量通病，从而在一定程度上限制了框架砌体结构的发展。采用ZL胶粉聚苯颗粒保温浆料,可有效地解决框架砌体结构存在的上述质量问题。

(1) 由于ZL胶粉聚苯颗粒保温浆料是现场成型材料,施工厚度可随意调节,在框架砌体结构中一般只需抹2~3cm厚的保温浆料,即可弥补柱、梁热桥所造成的热工性能不达标的问题;

(2) 同时由于ZL胶粉聚苯颗粒保温浆料有完整的抗裂防护面层材料与技术,可有效解决由于温差形变而导致结构开裂的技术难题,解决了困扰框架砌体结构发展的质量瓶颈。

123. 为什么在内浇外砌粘土空心砖结构上,采用ZL胶粉聚苯颗粒保温材料进行复合保温是比较合理的选择?

粘土空心砖是一种应用较多的节能墙体材料,但单独使用达不到节能50%的要求。采用ZL胶粉聚苯颗粒保温浆料做外墙补充保温,仅需2~3cm厚度即可达到节能50%的要求。采取贴聚苯板方法等其他方法进行补充保温,由于聚苯板2~3cm时,强度太低,施工困难,综合效益又不够理想,而采用ZL胶粉聚苯颗粒保温浆料,可按设计要求随意调整厚度,这种做法将装饰抹灰层、结构防水层与节能保温层统一于一体,大大地节约了工程一次性保温投资,比较经济合理。

124. 为什么在混凝土空心砌块墙体上,宜选用ZL胶粉聚苯颗粒保温材料?

目前,采用混凝土空心砌块替代粘土砖在我国有着广阔的市场。在应用过程中,由于混凝土空心砌块变形性、吸水失水、热胀冷缩等原因,往往容易造成砌块墙体的裂缝,从而导致墙体渗水。在混凝土空心砌块墙体外面复合ZL胶粉聚苯颗粒保温材料,可有效解决墙体渗漏等质量通病,同时有利于墙面装饰多样化,是一举多得的做法。

第十节 其 他

125. ZL胶粉聚苯颗粒保温材料屋面保温技术应用范围如何?其优势如何?

在国内,应用于屋顶的传统隔热保温材料是炉渣,由于这种材料目前资源量减少,取而代之的是用聚苯板直接铺于屋顶代替炉渣。尽管聚苯板的导热系数较低,屋顶保温指标符合要求,但是,由于其隔热性能较差,屋顶在夏季易被晒透,顶层屋面的表面温度较高,顶楼居住的住户会感到很不舒适。

相比较聚苯板材料来说,ZL胶粉聚苯颗粒保温浆料的导热系数、比热容及材料干密度都要比聚苯板高,相对地蓄热系数要比聚苯板高,在同样达到层顶热阻要求的条件下,热惰性指标要比聚苯板高得多,从而采用ZL胶粉聚苯颗粒保温浆料做隔热层的屋面温度的最高值要低于采用聚苯板材料做隔热层的屋面,可以大幅度改善顶楼住户的居住条件。

采用ZL胶粉聚苯颗粒保温浆料进行屋面保温隔热施工,不仅可应用新建平屋面,而且可以施工一些难以采用聚苯板的工程,如大坡度斜屋面以及既有建筑的屋面等。在既有建筑屋面进行改造的工程中,ZL聚苯颗粒保温浆料可在不铲去原防水层的条件下进行施工,由于良好的粘贴性、可塑性,该材料还可以做顶层天花板的内保温施工。

126. 为什么说斜屋面保温采用ZL胶粉聚苯颗粒保温浆料是比较合理的方案之一?

斜屋面比平屋面有更好的反射辐射热的能力,因而在各种建筑中采用的比例越来越高。由于斜屋面结构上的保温材料不可能使用炉渣等传统材料,采用聚苯板材料铺贴,防水层、挂瓦层施工又存在困难,采用ZL胶粉聚苯颗粒保温材料进行斜屋面保温,可以有效地解决上述问题。

（1）ZL胶粉聚苯颗粒保温浆料具有良好的湿粘着性，即使在坡度较大的屋面采用，一次成型达到保温设计厚度，不会出现滑坠现象，解决了炉渣保温材料在斜屋面施工易滑坠的问题；

（2）ZL胶粉聚苯颗粒保温浆料固化后可以上人，解决了铺贴聚苯板后屋顶无法上人的施工困难问题；

（3）ZL胶粉聚苯颗粒保温浆料不仅具有良好的保温性能，而且具有较好的隔热性能，因而在斜屋面保温隔热工程中具有很好的推广使用前景。

127．既有屋面翻修采用ZL胶粉聚苯颗粒保温材料及其成套技术的优势是什么？

由于既有屋面一般都铺有各种防水层，在节能改造时，其他做法要求将防水层铲掉，然后再做保温层，最后重铺防水层。采用ZL胶粉聚苯颗粒保温材料及其成套技术，由于材料良好的整体性与粘着性能，可在不铲掉原防水层的状态下进行补充保温施工，ZL胶粉聚苯颗粒保温层与抗裂层可与原防水层形成倒置保温层，不用再另铺防水层，大大地简化了既有建筑屋面补充保温施工的程序，为既有建筑屋面节能改造提供了一种新的做法和技术。

128．如何采用ZL胶粉聚苯颗粒保温材料进行顶棚保温？

ZL胶粉聚苯颗粒保温材料不仅可以作为墙体屋顶保温材料，也可以作为顶棚保温材料，这种特殊的做法解决了在顶棚建筑部位保温施工困难的技术难题，使在某些建筑地下库、楼底板、屋顶层、阁楼内面做补充保温等变得简易可行。随着ZL胶粉聚苯颗粒保温材料及其成套技术的普及，像顶棚以往不能或不易进行保温作业的部位，都可以方便和随意地进行保温，对于丰富保温做法有重大的意义。

ZL胶粉聚苯颗粒保温材料在作顶棚保温时，由于保温屋面层基本不会受到冲击，因而不需加入增强玻纤网格布，在有防水要求的部位可抹抗裂砂浆防护面层，在无防水要求的部位只需抹抗裂粉刷石膏即可。

129．为什么说在既有建筑中，采用ZL胶粉聚苯颗粒保温材料进行改造是比较合理的选择之一？

对既有建筑进行节能改造，一般只能作外墙外保温，由于多数既有建筑原外围护结构已有一定保温层，节能改造的目的是要将保温层厚度达到节能50%的要求。采用ZL胶粉聚苯颗粒保温材料对既有建筑进行节能改造，保温层原度可按设计要求任意选定，在既有建筑外墙面有外挂物时施工也可以灵活处置，保温层与墙面100%粘接，抗风压能力高，同时又可以做面砖、涂料装饰。因此，采用ZL胶粉聚苯颗粒保温材料对既有建筑进行节能改造，无论从投资经济效益上，还是从施工组织、装饰面层的选择上都有相当大的优势。

130．楼梯间保温宜选用什么材料？

按节能设计规定，不采暖楼梯间外墙壁应进行补充保温，其K值要求为$1.87W/(m \cdot K)$。由于在楼梯间人流活动较为频繁，墙面常易被重物碰击，在保温施工时，应选择抗冲击性能较好的保温体系。ZL胶粉聚苯颗粒外墙外保温体系的耐冲击实测强度优于普通聚苯板体系，同时在楼梯间使用时又有良好的施工适应性，因而对楼梯间进行保温宜选用ZL胶粉聚苯颗粒保温材料。

131．分户墙保温宜选择什么材料？

随着我国热供应分户计量工作的逐步深化，目前在某些建筑中，已安装了分户计量装置,按设计要求分户墙也要进行保温,墙体的传热系数值规定按楼梯间进行计算。由于其取值较低,基于前述原因,宜采用 ZL 胶粉聚苯颗粒保温浆料进行施工处理,只需抹 1~2cm 就可达标。

132. 采用 ZL 胶粉聚苯颗粒保温材料做外墙内保温时,与外墙外保温做法有什么区别?

采用 ZL 胶粉聚苯颗粒保温材料做外墙内保温,需防水和需耐冲击的部位与外墙外保温的做法基本相同。由于内墙面没有雨水浸蚀的现象发生,做内保温时,不用涂刷 ZL 高分子弹性底层涂料;在没有防水要求和不需考虑抗冲击的建筑部位,可采用抗裂粉刷石膏作为面层防护材料。

133. 什么是抗裂粉刷石膏?其性能如何?

抗裂粉刷石膏与普通粉刷石膏性能相似,具有良好的施工性能和抗压强度。为了能使其在保温体系面层上使用,在配制过程中加入了大量的可塑性骨料、粘接成分以及多弹性模量的纤维物质,使该材料具有一定的可变型性,其压折比小于 3。经上述处理后的抗裂粉刷石膏,可确保抹于保温体系防护面层上不开裂。

第三章 技术特征

第一节 热工性能

134. ZL胶粉聚苯颗粒保温材料的保温热工性能是如何进行保证的？保证措施是什么？

ZL胶粉聚苯颗粒保温材料体系是一种创新的干拌砂浆体系，该体系中的聚苯颗粒轻骨料是将回收的废聚苯乙烯经工厂严格筛选、粉碎并按一定体积包装，其总体积比保持在80%以上；该体系中的胶粉料是高分子有机粘结材料-无机材料-多弹性模量的多种纤维的材料复合，采取预混合干拌技术并经特殊配制，其堆集密度为$600kg/m^3$，比石膏$700 \sim 800kg/m^3$还要轻，从而保证了该材料体系的保温效果。

经反复现场跟踪检测，ZL胶粉聚苯颗粒保温浆料随搅器的功率有所不同，其最终的湿容重与干密度略有波动，湿密度基本稳定在$350 \sim 420kg/m^3$，干密度基本稳定在$190 \sim 230kg/m^3$。ZL胶粉聚苯颗粒保温浆料的导热系数取值$0.059W/(m \cdot K))$，是根据其干密度$250kg/m^3$的取值（平均），有相当大的余量，因而确保了保温体系的热工性能达标。

135. ZL胶粉聚苯颗粒保温材料热工性能的多年抽测结果是什么？

ZL胶粉聚苯颗粒保温材料热工性能的多年抽测结果详见表31和图8。

表31

检测日期	导热系数 (W/(m·K))	干表观密度 (kg/m³)	检测编号	检测单位
1998.2.28	0.059	254.6	B98-002	北京市建设工程质量检测中心建筑节能检测室
1998.3.26	0.059	242	B98-002	北京市建设工程质量检测中心建筑节能检测室
1999.9.24~9.27	0.057	225	B99(DR)0094	北京市建设工程质量检测中心建筑节能检测室
1999.10.11	0.0585	196	99-B-36	国家化学建筑材料测试中心
1999.10.26	0.047	147.9	B99(DR)0117	北京市建设工程质量检测中心建筑节能检测室
1999.10.26	0.0586	250	国字F0725号	国家建材局地质研究所北京市建地应用开发中心
2000.3.27	0.055	207	B字第0-3-90号	天津市质量监督检验单位第21站
2000.3.27	0.053	212	B字第0-3-91号	天津市质量监督检验单位第21站
2000.4.20	0.045	205	200020096	国家建筑材料测试中心

续表

检测日期	导热系数(W/(m·K))	干表观密度(kg/m³)	检测编号	检测单位
2000.4.25	0.057	204	BW00-077	北京市建筑材料质量监督检验站
2000.6.12	0.056	186	B00(DR)0053	北京市建设工程质量检测中心建筑节能检测室
2000.9.15	0.059	实测	BW00-216	北京市建设工程质量检测中心建筑节能检测室
2000.9.26	0.054	232	B0-8-32	天津市质量监督检验单位第21站
2000.9.30	0.047	174.25	B00(DR)0092	北京市建设工程质量检测中心建筑节能检测室
2000.11.29	0.0578	246.5	晋字Z0116号	山西省产品质量监督检验所
2001.8.7	0.058	实测	200130563	国家建筑材料测试中心

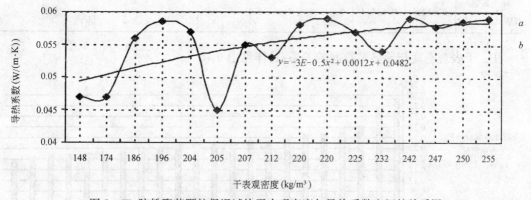

图8 ZL胶粉聚苯颗粒保温试块干表观密度与导热系数之间的关系图

说明:

① 由于BW00-216和200130563的两次检测为现场抽检实测,缺少ZL胶粉聚苯颗粒保温试块的干表观密度数据,为方便图示说明问题,取干表观密度为220kg/m³;

② a 线为试块干表观密度与导热系数实测值的关系线;b 线为干表观密度与导热系数关系趋势线;

③ ZL聚苯颗粒保温材料的干表观密度(X)与导热系数(Y)按时间顺序的关系趋势线基本服从下式:$Y = -3E-05x^2 + 0.0012x + 0.0482$。

结论:根据国家认定的上述六个检测机构对ZL胶粉聚苯颗粒保温材料干表观密度 $\rho_0 = 147.9 \sim 254.6 kg/m^3$ 的16个试件,在干燥状态下的导热系数测定值 $\lambda_0 = 0.045 \sim 0.059 W/(m·K)$。依据该检测结果,当干表观密度控制在250kg/m³以下时,该保温材料在干燥状态下的导热系数不会大于 $0.059 W/(m·K)$。

136. ZL胶粉聚苯颗粒保温材料热工性能的多年实验结果是什么?

A. 实验方法:防护热板法,依据GB 10294—88

B. 实验仪器:DRP-3W导热系数测定仪

C. 实验单位:北京振利高新技术公司实验室

D. 实验数据:北京振利高新技术公司实验室根据产品标准进行型式检验得出的实验值。型式检验的情况主要有:①正式生产后,如产品的原料、生产配比或工艺有较大改变时;②出厂检验结果与上次型式检验有较大差异时;③产品长期停产(超过6个月)后恢复生产时;正常生产时每年应进行一次;④国家质量监督机构要求进行型式检验时。实验值具体如表32。

ZL胶粉聚苯颗粒保温浆料干密度与导热系数实验值 表32

干表观密度(kg/m³)	348.7	326	271.9	263.5	248.7	248.7	248.7	232.1	230.4
导热系数(W/(m·K))	0.06181	0.06057	0.0587	0.05874	0.05616	0.05617	0.05616	0.0477	0.05178
干表观密度(kg/m³)	226.4	220.6	219.8	218.6	213.5	213.4	213.4	202	196.5
导热系数(W/(m·K))	0.05259	0.05836	0.05765	0.05099	0.05639	0.05256	0.05323	0.0542	0.04863
干表观密度(kg/m³)	192.8	189	186.5	177.4					
导热系数(W/(m·K))	0.04215	0.04864	0.04516	0.04215					

E. 干表观密度与导热系数间的关系:具体见图9。

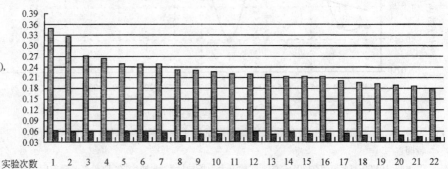

图9 干表观密度与导热系数之间的关系图

说明:柱状图为试块干表观密度与导热系数实验值的关系线;高柱状为干表观密度,低柱状为导热系数。

F. 结论

ZL胶粉聚苯颗粒保温材料的导热系数值介于聚苯颗粒和ZL胶粉料之间。当ZL胶粉聚苯颗粒保温材料表观密度控制在180~300kg/m³时,其导热系数测定值在0.05~0.06W/(m·k)的范围之间变化。

137. ZL胶粉聚苯颗粒保温材料外保温墙体保温层的厚度如何确定?

ZL胶粉聚苯颗粒外保温墙体的保温层厚度应根据地区气候特点(严寒、寒冷、夏热冬冷、夏热冬暖和温和地区)、建筑物类型(民用或工业建筑,居住或公共、商业、办公、学校建筑,采暖或空调建筑),并根据国家现行的有关标准规范,如《民用建筑热工设计规范》(GB 50176—93)、《民用建筑节能设计标准(采暖居住建筑部分)》(JGJ 26—95)及其若干地方的《实施细则》、《夏热冬冷地区居住建筑节能设计标准》(JGJ 134—2001)、《旅游旅馆建筑热工与空气调节节能设计标准》(GB 50189—93)等标准规范的要求确定。当按保温、隔热和节能要求确定的保温隔热层厚度不同时,应取其中的最大者。

138. 从材料构成角度分析,降低 ZL 胶粉聚苯颗粒保温材料导热系数有哪些有效措施?

主要措施如下:

(1) 在选取胶凝材料时,避免采用容重过大的水泥作为胶凝材料,而采用氢氧化钙、粉煤灰及不定型二氧化硅等材料取代水泥;

(2) 采用发泡稳泡体系,确保保温材料固化后的干密度稳定在 230kg/m³ 以下;

(3) 准确控制聚苯颗粒加入量,确保聚苯颗粒在保温材料中的体积比,从而保证保温材料的干密度和导热系数。

139. 与其他聚苯类保温材料相比,为什么说 ZL 胶粉聚苯颗粒保温材料具有更好的隔热性能?

对外围护结构进行隔热,是指对屋面、外墙特别是西墙采取隔热材料和技术进行隔热处理,减少传进室内的热量,以降低围护结构的内表面温度。由于夏季室外综合温度 24 小时呈周期性变化,隔热性能的好坏以衰减倍数和总延迟时间等指标来衡量。所谓衰减倍数,是指室外综合温度的振幅与内侧表面强度的振幅之比,衰减倍数越大,隔热性能越好;而总延迟时间是指室外综合温度出现的最高值的时间与内表面温度出现的最高值的时间之差,延迟时间越长,隔热性能越好。

由于在升温和降温过程中材料的热容作用,以及热量传递中,材料层的热阻作用,温度波在传递过程中会产生衰减和延迟的现象,因此在选择隔热材料时,应选择导热系数较低、蓄热系数偏大的材料,并按隔热要求保证围护结构达到对应的传热系数。相比较聚苯板材料而言,ZL 胶粉聚苯颗粒保温材料热容量大,在相同热阻条件下内表面温度振幅减小,出现温度最高值的时间延长,因此,ZL 胶粉聚苯颗粒保温材料具有更好的隔热性能。

第二节 技术优势

140. ZL 胶粉聚苯颗粒保温材料及其成套技术的技术特征是什么?

与其他外墙外保温体系相比,ZL 胶粉聚苯颗粒保温材料外墙外保温成套技术有以下特征:

(1) ZL 胶粉聚苯颗粒保温材料外墙外保温成套技术在抗裂构造设计时,采取柔性渐变的技术路线,外层材料的变形量高于内层材料的变形量,逐层渐变,能够随时分散和释放温差形变应力,从而能够大幅度地提高不同类型建筑外墙外保温面层的耐久性能与耐候性能。同时,能够防止在地震力的影响下保温层出现大面积开裂、剥离甚至塌落,抗震性能优良。

(2) ZL 胶粉聚苯颗粒保温材料外墙外保温成套技术保温层无空腔,不设空气层,能够避免风压特别是负风压状态下由于保温层内空气层的体积膨胀而造成对高层建筑保温层的破坏,抗风压能力特别是负风压能力强。

(3) ZL 胶粉聚苯颗粒保温材料外墙外保温成套技术在不加防护层的情况下,耐火性能为 B1 级,在明火燃烧状态下无次生烟尘灾害,解决了高层建筑防火等级要求高的问题。

(4) ZL 胶粉聚苯颗粒保温材料外墙外保温成套技术憎水性好、水蒸气渗透性好,能够避免水或水蒸气在迁移过程中出现墙体结露或保温层内部含水率增高的现象,提高了高层建筑外保温层的耐雨水侵蚀以及抗冻融能力。

(5) ZL胶粉聚苯颗粒保温浆料为现场成型的保温浆料,施工适用性好,在基层结构复杂与基层平整度不良的情况下,均可直接施工,加快了施工速度。

(6) 在粘土多孔砖、陶粒轻质混凝土砌块、高密度加气混凝土砌块等结构墙体保温体系中,该成套技术是施工适应性好、综合效益高的外墙外保温做法。不仅如此,该成套技术还彻底解决了框架砌块结构易出现结构开裂这一技术难题。

(7) ZL胶粉聚苯颗粒保温材料外墙外保温成套技术施工性能好,配套材料齐全,抗裂技术可靠,面层不仅可用涂料装饰,而且可用瓷砖、干挂石材装饰,实现了饰面装饰方式多样化,可满足顾客的不同要求。

(8) 采用ZL胶粉聚苯颗粒保温材料外墙外保温成套技术进行施工时,可与其他施工作业交叉进行,如安装门窗、外饰物施工等,而且可以多点施工,施工速度快,施工组织适应强,墙面平整度、抗裂性能、外保温施工质量均大幅度提高。

(9) 在外墙外保温做法中,ZL胶粉聚苯颗粒保温材料可以单独使用,自成体系。还可以与聚苯板组合浇注混凝土体系和钢丝网架聚苯乙烯芯板组合浇注混凝土体系复合使用,作为上述体系的找平、修补、补充保温、抗裂等材料使用。

(10) 在ZL胶粉聚苯颗粒保温材料的组成中,聚苯颗粒轻骨料是采用回收的废聚苯板经粉碎制成的,而胶粉料中掺有高量的粉煤灰,实现了在建造新建筑的同时净化了环境,是一种良好的绿色生态建材,经济效益、社会效益俱佳。

141. 为什么说ZL胶粉聚苯颗粒保温层体积安定性好而且干缩率低?

ZL胶粉料中的不同弹性模量、长度不一的纤维均匀分布在保温层中,使保温层材料受到的变形应力得到分散和消解,在保温层干燥的不同阶段发挥网络抗裂的作用。同时还由于采用了发泡与稳泡技术和有机材料包覆无机材料的微量材料预分散技术,增强了保温层材料的稳定性。再加上先进生产技术和设备,完全可以实现ZL胶粉聚苯颗粒体积安定性好而且干缩率低。

142. 为什么说ZL胶粉聚苯颗粒保温材料粘结强度高、触变性好?

通过预分散、预混合的生产技术处理,胶凝材料中一些不易迅速溶解于水中的高分子、高粘度的材料能够预先均匀复合在易溶于水中的无机材料的表面上,从而使胶凝材料均匀分散不结团,提高了粘结强度,发挥较强的粘结剂作用。在此基础上,再加入一定比例的速溶材料,就可以使ZL胶粉聚苯颗粒保温材料在施工中粘结强度更高,触变性更好。

143. ZL胶粉聚苯颗粒保温材料成套技术的耐冲击、耐磨检测结果是什么?

ZL胶粉聚苯颗粒保温材料成套技术的耐冲击、耐磨检测结果见表33。

ZL胶粉聚苯颗粒保温材料成套技术的耐冲击、耐磨检测结果 表33

检测日期	检测报告编号	检测项目	检测结果	检测单位
2001.09.05	B01(QT)0101	耐磨损、抗冲击性能	耐磨损500L标准砂表面无磨损、抗冲击81.0J	北京市建设工程质量检测中心建筑节能检测室

144. ZL胶粉聚苯颗粒保温材料的压缩强度、软化系数、耐水性是通过什么途径提高的?

其途径如下:在保温胶凝材料中,将氢氧化钙、粉煤灰以及水泥加入水中搅拌后会发生化学反应,形成水化硅酸钙盐等化合物,能够使胶凝材料后期强度逐步提高;同时由于水化硅酸钙的分子结构排列紧密,具有一定的抗压强度,耐水性和软化系数也相应提高。

145. 为什么说 ZL 胶粉聚苯颗粒保温材料憎水性好、透气性强?

ZL 胶粉聚苯颗粒保温材料在材料设计上考虑到我国不同地域气温跨度大的国情,选材上又考虑到满足不同地区、不同气候的要求,采用无机材料+有机材料+发泡稳泡体系+硅橡胶乳液体系,憎水率大于99%,为耐水性保温材料。此材料呼吸功能强,透汽性好,既有很好的防水功能,又能排出保温层的水分,做到少进多出,有效地避免了水蒸气迁移过程中产生墙体内部的结露现象。

146. 如何理解水蒸气渗透性指标?如何理解 ZL 胶粉聚苯颗粒保温材料及其成套技术的憎水性与水蒸气渗透性指标之间的关系?

水是对建筑物外保温表面损坏最大的因素之一,其危害性在于对建筑物外表面的冻融损坏。当水渗入建筑物外表面后,冬季结冰,由于冰比水的体积约增加9%,从而产生膨胀应力,造成对建筑物外表面的损坏。但如果墙面被完全不透水的材料封闭,水蒸气扩散受阻,就会妨碍墙体排湿,同样会产生膨胀应力造成面层材料起鼓,甚至开裂。当然墙体排湿不畅,水蒸气会在保温层中结露,也影响建筑保温效果。为保护外保温防护面层,延长建筑物保温层使用寿命,就必须有效地控制表面材料的拒水性与透气性。

国外的研究表明,只有当透汽性和吸水性达到某一合适的比值时,建筑物保温层、防护面层才具有良好的保护功能。通常国外用吸水系数来表示材料的吸水性,即

$$K = w/s \cdot \sqrt{t}$$

式中 K——吸水系数$(kg/m^2 \cdot h^{0.5})$;
w——吸水量;
s——吸水面积;
t——吸水时间。

建筑物外保温中往往用水蒸气渗透系数 μ 来表明材料的透气能力,材料孔隙率越高,透气性越强,静止空气的水蒸气渗透系数为 $\mu = 6.08 \times 10^{-4} g/(m \cdot s \cdot Pa)$,$\mu$ 值越高,透气性越好。

从表面防护的角度来说,吸水性越小越好,而透气性越大越好,理想的外墙保温系统表面既没有吸水性、又没有水蒸气的扩散阻力,但这是不可能的。国外通常要求吸水性与透气性较为理想的范围如下:$K \leqslant 0.5(kg/m^2 \cdot h^{0.5})$。

上述数据是对一般建筑用砂浆的吸水性要求,对于混凝土材料,其吸水性是达不到上述要求的。表34列出部分建筑外墙材料的吸水系数。

表34的数据表明,上述材料若不进行拒水防护是不能达到表面耐冻融要求的,进而必然会造成外墙出现裂纹。

部分建筑外墙材料的吸水系数 表34

材料名称	吸水系数$(kg/(m^2 \cdot h^{0.5}))$	材料名称	吸水系数$(kg/(m^2 \cdot h^{0.5}))$
水泥砂浆	2.0~4.0	多孔粘土砖	8.3~8.9
混凝土	1.1~1.8	加气混凝土砌块	4.4~4.7
实心粘土砖	2.9~3.5		

为此,我们研制了含有硅橡胶乳液成分的专用高弹防水底层涂料,将之涂刷在保温防护层之上,在保持水蒸气渗透系数基本不变的前提下,能够有效地使面层材料的表面吸水系数大幅度下降。表35为该材料对比试验数据。

涂刷高弹防水底层涂料的对比试验数据 表35

项 目	单 位	涂有高弹防水底层涂料样品	对照样品
K	$kg/(m^2 \cdot h^{0.5})$	0.12	1.11
μ	$g/(m \cdot s \cdot Pa)$	9.89×10^{-9}	10.72×10^{-9}

表35数据表明,保温防裂面层涂刷 $100\mu m$ 厚左右的高弹防水底层涂料后,表面吸水系数大幅度降低,而材料的蒸气渗透系数基本不变,达到了提高拒水性能、同时保持透气性能的目的。由于高弹防水底层涂料含有大量的有机硅树脂,该树脂可在涂刷表面形成单分子层憎水排列,对液态聚合性水的较大分子具有很强的排斥作用,外界雨水会在其表面形成"水珠",但不会润湿外表面,而该保温内部分子小的、气态的水蒸气分子可以相对自由地通过此"憎水层",达到了拒水、透气的设计要求。

147. ZL胶粉聚苯颗粒外墙外保温材料体系的耐冻融、憎水性检测结果是什么?

ZL胶粉聚苯颗粒外墙外保温体系的耐冻融、憎水性检测结果如表36。

表36

编号	检测日期	检测报告编号	检测项目	检测结果	检测单位
1	2000.06.15	B00(QT)0028	ZL抗裂砂浆抗碱网布复合聚苯板憎水率、冻融、耐磨损、耐冲击	憎水率99.1%;耐冲击14.3J;500L表面无磨损;经10次冻融循环后表面无裂缝、剥离、龟裂	北京市建设工程质量检测中心建筑节能检测室
2	2000.6.15	B00(QT)0036	混凝土墙聚苯外保温板及饰面层冻融性能	10次循环后,试件表面无裂缝、剥离、龟裂	北京市建设工程质量检测中心建筑节能检测室
3	2001.08.31	(天津)质监认字F081号	水泥砂浆抗裂剂抗冻性、抗弯曲、抗冲击、耐候性	抗压强度7.2MPa;抗折强度3.0MPa;无弯曲、无裂纹;无开裂	天津市产品质量监督检验第二十一站
4	2001.09.05	B01(QT)0100	保温浆料复合抗裂砂浆和底层涂料的耐冻融、憎水率	25次冻融循环试块表面无变化,憎水率99.7%	北京市建设工程质量检测中心建筑节能检测室

148. ZL胶粉聚苯颗粒保温材料及其成套技术的水蒸气渗透性检测结果是什么?

ZL胶粉聚苯颗粒保温材料及其成套技术的水蒸气渗透性检测结果如表37。

表37

编号	检测日期	检测报告编号	检测项目	检测结果	检测单位
1	2001.9.21	ZZ2001-312	水蒸气透湿系数(23℃,0%~50%RH)	$9.89 ng/(m \cdot s \cdot Pa)$	北京市建筑材料质量监督检验站
2	2001.9.21	ZZ2001-313	水蒸气透湿系数(23℃,0%~50%RH)	$10.72 ng/(m \cdot s \cdot Pa)$	北京市建筑材料质量监督检验站

149. ZL 胶粉聚苯颗粒外墙外保温体系的含水率的实测数据是什么？

表 38 的数据为 1998～2000 年委托北京市建筑节能检测中心在望京小区 K4 住宅楼工程进行连续四年的含水率的实测数据。

1998～2001 望京小区含水率的实测数据　　　　　　　　　　表 38

年　　度	保温层含水率	年　　度	保温层含水率
1998	3.5%	2000	1.07%
1999	1.5%	2001	1.0%

从表 38 的数据可以看出，ZL 保温浆料面层涂覆高弹防水底层涂料后，保温层的含水率逐年下降，基本稳定在 1%～1.5% 左右，提高了外保温材料体系的抗冻融性、耐久性及抗裂性。

150. ZL 胶粉聚苯颗粒外墙外保温体系各层 pH 值是多少？其设计意图是什么？

ZL 胶粉聚苯颗粒外墙外保温体系各构造层的 pH 值见表 39。

表 39

构造层材料	界面砂浆	ZL 胶粉聚苯颗粒保温浆料	ZL 水泥抗裂砂浆	高分子乳液弹性底层涂料	柔性耐水腻子	面层涂料
pH 值	7～9	≥11	≥11	7～9	≥11	8～9

由于基层墙体含有大量钢筋，保温层也采用射钉、钢丝网等配套材料，只有在碱性条件下才能保证这些材料不生锈而被腐蚀；同时由于基层墙体的 pH 值也大于 11，因而外保温材料体系的 pH 应与其相适应。

(1) ZL 胶粉聚苯颗粒外墙外保温体系在设计时，充分考虑了基层墙体的材料构成和 pH 值，同时考虑了保温层本身使用的配套材料，把保温层、抗裂防护层和柔性腻子层的 pH 设定为大于 11，从而一方面保护了基层墙体，避免外层材料锈蚀钢筋等物件而导致对墙体的腐蚀破坏，同时也使得保温体系内部使用的配套材料稳定持久地发挥作用；

(2) 将高分子乳液弹性底层涂料的 pH 值设定为 7～9，其目的在于阻断内层墙体由于 pH 值过高而对面层涂料产生起泡等不良影响，同时阻断外界空气中的 CO_2 进入内层墙体而加速墙体的炭化，即降低炭化系数；

(3) 面层涂料的 pH 值设定为 8～9，符合涂料的一般特性。

151. ZL 胶粉聚苯颗粒保温材料耐火性能等级为 B1 级，如何实现这项性能？

与普通聚苯板不同，ZL 胶粉聚苯颗粒保温材料是通过无机胶凝材料包覆易燃聚苯颗粒的方式来实现其耐火性能的。

152. 什么是高层防火规范？为什么说 ZL 胶粉聚苯颗粒保温材料是一种耐火性能可达高层防火规范的材料？

按照《建筑材料燃烧性能分级方法》(GB 8624—88) 的规定，建筑材料燃烧性能可分为不燃性、难燃性、可燃性和易燃性四级。不燃性建筑材料是指建筑材料在遇火灾时，不起火、不微燃、不炭化，即使熔融也不发生燃烧的材料；难燃性建筑材料是指在火灾发生时，难起火、难微燃、难炭化，可推迟发火时间或缩小火灾蔓延，当火源移走后燃烧会立即停止的材料;可燃性建筑材料是指在火灾发生时,立即起火或微燃,且火源移走后仍能继续燃烧或微燃的材料;易燃性建筑材料是指发生火灾时,立即起火,火焰传播速度快的材料。

建筑耐火等级是按组成建筑物的构件的燃烧性能与耐火极限确定的,普通建筑物的耐火等级为四级;高层建筑划分为两级,按建筑物的重要性、建筑物的高度以及使用性质来划分等级。高层建筑构件最低防火要求是二级,二级防火材料要求在火灾条件下,构件不爆裂、不燃烧、不蔓延。作为聚苯板材料未加阻燃剂之前为易燃材料,加了阻燃剂之后为可燃材料,在100℃高温条件下,即使有外防护层也很难做到保温层面层不爆裂、不燃烧、不蔓延的要求,而ZL胶粉聚苯颗粒保温浆料固化后为B1级(难燃级)建筑材料,而且还有5mm以上的水泥砂浆作为防护层,完全可以达到在火灾状态下不爆裂、不蔓延、不燃烧的要求,因而可以说,ZL胶粉聚苯颗粒保温材料是可达到高层防火规范的保温材料。

153．为什么说ZL胶粉聚苯颗粒保温材料耐候性好?

ZL胶粉聚苯颗粒保温材料保温性能稳定,耐冻融、耐曝晒、抗风化、抗降解,耐老化性能好,具有良好的耐候性能。为进一步验证,我们于1998年3月在公司院内抹了一块3m×3m×0.08mZL胶粉聚苯颗粒保温浆料试验墙,面层未做任何防护,经近四年的实际曝晒、冻融、雨淋、耐候考验,面层未出现任何因风化而造成的表面粉化现象,材料强度基本无变化。而对聚苯板进行降解试验时,在自然条件下聚苯板的粉化速度一年为1.5mm。据有关资料表明,国外对与ZL胶粉聚苯颗粒保温浆料同类的材料体系进行试验,已曝晒25年,表面仍无粉化、强度降低现象。上述试验可以证明,ZL胶粉聚苯颗粒保温浆料保温层的耐久性要比聚苯板材料好得多,即使在表面防护层损坏的条件下,ZL胶粉聚苯颗粒保温浆料保温层长期暴露在大气中也不会出现粉化脱落现象。因此,从这个意义来说,ZL胶粉聚苯颗粒保温材料是目前国内保温材料耐久性最好的材料之一。

154．ZL胶粉聚苯颗粒外墙外保温体系的人工耐候性检测结果是什么?

ZL胶粉聚苯颗粒外墙外保温体系的人工耐候性检测结果如表40。

表40

检测日期	检测报告编号	检测项目	检测结果	检测单位
2001.07.26	ZZ2001-311	耐人工老化性	500h老化后涂层无裂纹	北京市建筑材料质量监督检验站

155．ZL胶粉聚苯颗粒保温材料是如何确保施工操作性能良好的?

在保温粘结胶粉料中精选加入了国内外先进的高分子材料。几种高分子材料混合后,大分子与小分子之间的碰撞与吸引进行分子链的断裂与重组,形成了复合高分子材料,通过大分子互穿增稠技术使材料的粘稠性增强,抗滑坠能力增强,一次抹40mm厚不滑坠。

156．为什么说ZL胶粉聚苯颗粒保温材料施工方便、配比准确、施工厚度易控制?

ZL胶粉聚苯颗粒保温材料采用胶粉预混合干拌技术和聚苯颗粒轻骨料分装工艺,到施工现场按包装配合比加水搅拌成膏体材料,有效地避免了施工现场称量不准确的问题。同时采用同种材料作保温层冲筋,保温效果一致,保温层厚度能够得到准确控制。

157．ZL胶粉聚苯颗粒保温材料对结构的找平修复作用是如何实现的?

ZL胶粉聚苯颗粒保温材料在结构外墙中应用的一大优点是,对结构平整度不高的基层施工适应性好,对结构有很强的找平纠偏作用。在全现浇混凝土建筑中,ZL保温浆料抹灰最厚处局部可达10cm以上,对于结构中出现的局部偏差能够有效地实施找平纠正,并能对窗口、门口不易保温的部分进行保温,实际保温效果好,纠偏找平时由于局部采用了挂网等机械加固措施,材料施工后平整而牢固,深受施工单位的好评。

158．为什么说 ZL 胶粉聚苯颗粒保温材料及其成套技术是一种抗风压性能较好的体系?

就风压而言,一般地说,正风压产生推力,负风压产生吸力,对建筑物外保温层均会造成极大的破坏,这就要求外保温层应具备相当的抗风压能力,而且就抗负风压而言,要求保温层无空腔,杜绝空气层,从而避免负压状态下保温层内空气层的体积膨胀而造成对建筑物的破坏。ZL 胶粉聚苯颗粒保温浆料体系无空腔,经委托北京市建设工程质量检测中心建筑节能检测室进行抗风压实验[B00(BW)0029,B01(QT)0102],ZL 胶粉聚苯颗粒保温材料的抗风压能力为:负压 4500Pa,无裂纹;正压 5000Pa,无裂纹。因此,ZL 胶粉聚苯颗粒保温材料及其成套技术是一种抗风压性能较好的体系。

159．ZL 胶粉聚苯颗粒外墙外保温体系的抗震试验的基本情况是什么?

ZL 胶粉聚苯颗粒外墙外保温体系的抗震试验是由中国建筑科学研究院工程抗震研究所与铁道部科学研究院铁建所共同进行的,抗震试验方案由前者制订,抗震试验的基本情况如下:

(1) 试验依据

a．建筑抗震试验方法规程 JGJ 101—96

b．建筑抗震设计规范 GB 50011(送审稿)

c．玻璃幕墙工程技术规范 JGJ 102—96

(2) 试验时间:2001 年 8 月 29 日

(3) 试验地点:铁道部科学研究院铁建所

(4) 试验目的:研究在特定振动条件下 ZL 胶粉聚苯颗粒外墙外保温材料与高层建筑物墙体的附着能力,研究振利涂料及面砖粘结剂与高层建筑物墙体的粘结能力。了解 ZL 胶粉聚苯颗粒外墙外保温材料、振利涂料及面砖粘结剂在高层建筑物墙体上的抗震能力。

(5) 试验仪器及设备:

a．振动台。频率:－80Hz;最大载荷:2000kg;激振力:50000N;加速度:2g。

b．计算机

c．分析仪

(6) 特定条件

a．建筑结构类型选取全现浇高层混凝土结构;

b．鉴于各位置地震反应谱不同,本试验参考建筑抗震设计规范 GB 50011(送审稿)5.1.4 地震影响系数曲线分频段进行。输入波形为正弦拍波(如图 10),每次振动大于 20s;

c．试验频率按 1/3 倍频程分级即:0.99;1.25;1.58;2.00;2.50;3.13;4.00;5.00;6.30;8.00;10.0;12.5;16.0;20.0;32.0Hz;

d．试验分级:地震影响系数最大值 0.2g(建筑抗震设计规范 GB 50011(送审稿)附录 A.0.1 北京)开始分级进行,每级增加 0.1g,共 4 级;

e．衰减指数取 0.9,建筑结构阻尼比取 0.05;地震动反应谱特征周期取 0.35(《建筑抗震设计规范》GB 50011(送审稿)附录 A.0.1 北京);结构自振周期取 1。

(7) 合格与否的标准:根据《建筑抗震设计规范》(GB 50011)(送审稿),《玻璃幕墙工程

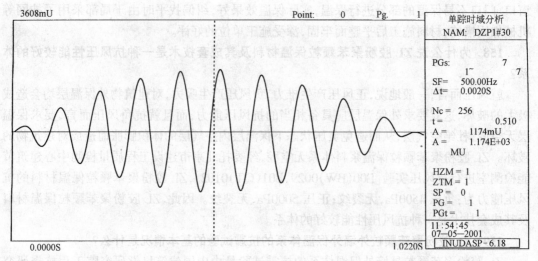

图10 正弦拍波

技术规范》(JGJ 102—96)中要求,试验材料在小震下无损坏,无脱落;在常遇地震下不脱落掉下伤人,可略有开裂;在罕遇地震下,不产生严重伤人则可视为材料抗震性能合格。试验判别分为四种即:1. 无损坏;2. 不脱落掉下(可略开裂);3. 不严重脱落;4. 严重脱落。

160. ZL胶粉聚苯颗粒外墙外保温体系抗震试验的试件成型情况及目的是什么?

为验证ZL胶粉聚苯颗粒外墙外保温材料与主体结构的附着性能,验证振利涂料面层的抗震能力,验证面砖粘结剂的粘结能力,按要求成型宽度1.3m、高度1.2m、厚度0.16m、带有孔固定钢角的、强度为C30的混凝土试件3块,分六种状况进行抗震试验。

试件一(图11):

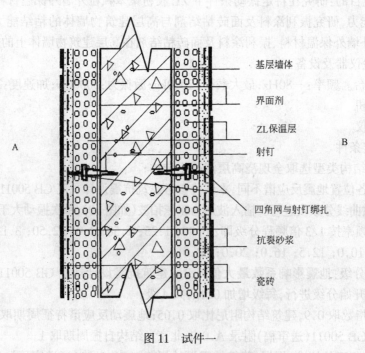

图11 试件一

A面，试件构成由里向外为C30钢筋混凝土墙体、混凝土界面剂、45mm的ZL保温浆料、3mm厚的抗裂砂浆+四角钢丝网、10mm厚粘贴面砖砂浆、大号面砖(400mm×250mm)，目的是验证在混凝土墙体上抹ZL保温材料后贴上大号面砖的抗震情况。

B面，试件构成由里向外为C30钢筋混凝墙体、混凝土界面剂、45mm的ZL保温浆料、3mm厚的抗裂砂浆+四角钢丝网、10mm厚粘贴面砖砂浆、中号面砖(112mm×255mm)，目的是验证在混凝土墙体上抹ZL保温材料后贴上中号面砖的抗震情况。

试件二(图12)：

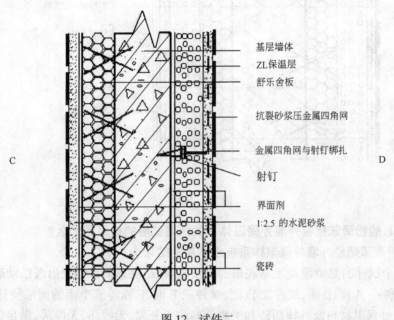

图12 试件二

C面，试件构成由里向外为C30钢筋混凝土墙体、50mm厚的舒乐舍板、混凝土界面剂、10mm厚的1:2.5的水泥砂浆、10mm厚粘贴面砖砂浆、特小号面砖(45mm×145mm)，目的是验证在混凝土复合浇注舒乐舍板后抹水泥砂浆，再贴上特小号面砖时的抗震情况；

D面，试件构成由里向外为C30钢筋混凝土墙体、混凝土界面剂、45mm厚的ZL保温浆料并压入用射钉绑扎的六角网、3mm厚的抗裂砂浆压入用射钉绑扎的四角网、10mm厚粘贴面砖砂浆、小号面砖(60mm×200mm)，目的是验证在混凝土墙体上抹ZL保温材料后贴上小号面砖的抗震情况。

试件三(图13)：

E面，试件构成由里向外为C30钢筋混凝土墙体、50mm厚的舒乐舍板、喷砂界面剂、45mm厚的ZL保温浆料、3mm厚的抗裂砂浆+四角钢丝网、10mm厚粘贴面砖砂浆、特小号面砖(45mm×145mm)，目的是验证在混凝土复合浇注舒乐舍板后抹ZL保温浆料，再贴上特小号面砖时的抗震情况；

F面，试件构成由里向外为C30钢筋混凝土墙体、50mm厚的无网聚苯板、喷砂界面剂、45mm厚的ZL保温浆料、3mm厚的抗裂砂浆压耐碱玻纤网格布、柔性腻子、外墙涂料，目的是检验在混凝土墙体上浇注无网聚苯板后抹ZL保温材料涂料饰面体系时的抗震情况。

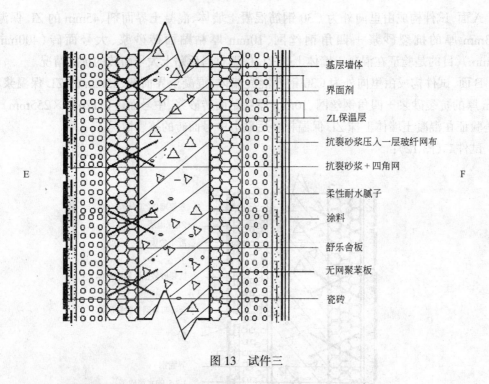

图 13 试件三

161．ZL 胶粉聚苯颗粒外墙外保温体系的抗震试验的结果是什么？

ZL 胶粉聚苯颗粒外墙外保温体系抗震试验的结果为：

(1) 三个试件的 C30 混凝土基底根部均出现裂纹，裸露射钉钉处出现松动破坏现象；

(2) 试件一 A 面、B 面，试件二 D 面，试件三 E 面、F 面等五个面的面层所抹 ZL 胶粉聚苯颗粒外墙外保温材料及外挂面砖和所刷涂料均无开裂、无损坏、无脱落，满足《玻璃幕墙工程技术规范》(JGJ 102—96)5.1.3 及《建筑抗震设计规范》(GB 50011)(送审稿)3.7 中的要求；

(3) 经 0.99～32.0Hz，0.2g、0.3g、0.4g、0.5g 级拍波试验后试件二 C 面无脱落，但面层所抹水泥砂浆出现少许裂纹，基本满足《ZL 胶粉聚苯颗粒外墙外保温面砖系统抗震试验程序(04)》中要求；

(4) C、E 面在大震作用下均出现聚苯板中铅丝网切割聚苯板的声音，使聚苯板产生一定的破坏。

162．ZL 胶粉聚苯颗粒外墙外保温体系的隔声机理是什么？

(1) ZL 胶粉聚苯颗粒保温浆料是一种良好的隔声材料

ZL 胶粉聚苯颗粒保温浆料是由 ZL 胶粉料与聚苯颗粒轻骨料两种材料分袋按比例配套包装，使用时定量加水搅拌混合制成的保温浆料。

a．其中，ZL 胶粉料是由氢氧化钙、粉煤灰、硅粉、硅酸盐水泥与各种保水剂、外加剂等组成的复合胶凝材料，固化后坚硬，密实，弹性很好，粘结力强，是较好的隔声材料。

b．聚苯颗粒是由回收的废聚苯乙烯泡沫塑料包装物经粉碎、混合制成，它具有一定粒度、级配，由直径 1～5mm 大小不等的小圆球组成，球体本身表面含有许多小微孔，能大量吸收声波；小球本身具有弹性，能使声波反弹；小球在声波的冲击下会产生震颤，从而使声波转变成不同的、听不见的频率;各个小球还能把声波以不同的入射角反向回去,形成声波的散射,减弱声波的强度;声波在无数的小球之间被吸收、反向、反弹、震颤,最后几乎全部被吸收。同时由于聚苯颗粒中含有大量隔绝空气、容重很轻,是一种极好的吸声材料,将其放置于墙体与抗裂层之间,可以减弱结构振动的传声。

c. ZL 胶粉料包覆聚苯颗粒后,减少了聚苯颗粒小球与小球之间的孔洞和缝隙漏声,提高了 ZL 保温层的隔声效果。

(2) ZL 胶粉聚苯颗粒保温构造设计有利于提高体系的隔声性能

一般而言,密度小和孔隙多的材料吸声性能好,而坚硬、光滑、结构紧密和重的材料吸声能力差,但反射性能强,也就是隔音性能强。声学上把面密度和隔声量这一关系叫质量定律。如果把吸声材料和隔声材料有机地组合成双层或多层结构,在各层之间的空气层中填充吸声材料,往往可以突破质量定律的限制,较大地提高隔音量。在隔音量相同的条件下,双层结构的重量仅是单层结构的 2/3~3/4。这种多层结构在隔声要求较高的场合多被采用。从 ZL 胶粉聚苯颗粒保温材料的多层构造形式和各层材料的组成及性能,从控制噪声的角度进行分析,不难看出其具有优良的隔声功能。

ZL 胶粉聚苯颗粒保温构造是由保温层、抗裂防护层、高分子乳液弹性底层涂料层和抗裂柔性腻子层、罩面层所组成的多层复合结构,利用声波在不同介质的分界面上产生不同反射,以及声波进入不同介质产生的不同折射的原理,有效地提高了隔声效果。在结构上,各层材料采取了软硬相隔的排列,这种排列不但减弱了各层之间的共振,也减少了在吻合频率区域的声能透射。实践证明,采用多层结构是减轻构件重量和改善隔声性能的有效措施,在噪声控制工程与建筑隔声设计中已被广泛采用。从这个意义说,ZL 胶粉聚苯颗粒保温材料不但是很好的保温建材,而且是很好的隔音建材。

(3) ZL 胶粉聚苯颗粒外墙外保温体系的隔声原理

其原理见图 14,文字叙述如下:

声波从外墙面传入,遇到墙壁,一部分被反射回来,一部分进入墙壁折射后遇到界面剂层,经过反射、折射、反射、折射进入保温层,遇到保温层中的许许多多 1~5mm 的不同聚苯颗粒小球,小球有许多小微孔,声波被大量吸收,少量透过小球的声波被紧紧包裹小球的混凝土又反射回小球,当声波经过无数次的反射、折射以及大量被吸收后,透过保温层的声波已经很少和很弱了,再经过高分子乳液弹性底层涂料层,再经过抗裂砂浆层,网格布,抗裂砂浆,声波又被大部反弹回保温层,被吸收,即使有声波透过,还有抗裂柔性腻子层,涂料或其他装饰面层,都起到阻挡声波传导的作用。

反之,声音从装饰面层进入,一部分被反射、一部分折射进入,经过抗裂柔性腻子层、再经过抗裂砂浆层,网格布层,高分子乳液弹性底层涂料层,每一层都是很好的隔振、隔音层,每经过一层都会被反射,剩下的折射进入,到达保温层后,遇到无数大大小小的聚苯颗粒小球,被无规则地反射、折射及大量地吸收。最后到达墙壁的已是极少数了,到达墙壁的声波又被反射回保温层,被吸收殆尽。

163. ZL 胶粉聚苯颗粒外墙外保温体系的隔声性能如何?

① 送测单位:北京振利高新技术公司

② 测试项目:隔声性能测试

③ 材料名称及规格:ZL 胶粉聚苯颗粒保温材料体系 1000mm×1000mm×45mm

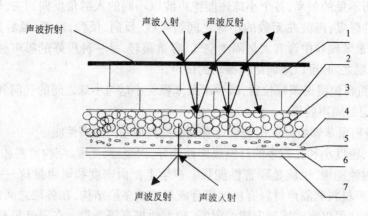

图14 隔声原理示意图

1—墙体；2—ZL 建筑用界面处理剂；3—ZL 胶粉聚苯颗粒保温层；4—ZL 水泥砂浆抗裂层(内含耐碱涂塑玻璃纤维网格布)；5—ZL 高分子乳液弹性底层涂料；6—抗裂柔性腻子层；7—饰面层

④ 测试依据：《建筑隔声测量规范》(GBJ 75—84)
⑤ 评价依据：《建筑隔声评价标准》(GBJ 121—88)
⑥ 测试设备：B&K4417 建筑分析仪
　　　　　　B&K2639 型传声器放大器
　　　　　　B&K4165 型电容传声器
　　　　　　B&K2706 型功率放大器
⑦ 测试环境：中国科学院声学研究所音频声学实验室之隔声室
⑧ 测量与评价结果。详见表41 和图15。

表41　单位:dB

频率(Hz)	100	125	160	200	250	315	400	500	630
隔声量	22.6	26.2	25.0	27.1	25.9	27.8	28.6	29.2	30.2
频率(Hz)	800	1000	1250	1600	2000	2500	3150	4000	
隔声量	31.0	33.3	34.9	35.7	37.7	38.0	38.2	37.6	

计权隔声量 $R_w = 34$ dB

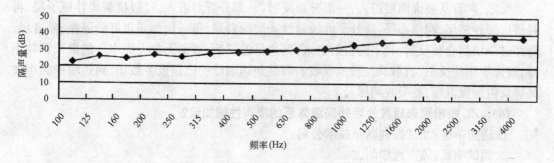

图15 ZL 胶粉聚苯颗粒保温材料隔声特性

164. 什么是生态建材？为什么说 ZL 胶粉聚苯颗粒保温材料是一种生态建材？

所谓生态建材，是指利用城市固体废弃物将垃圾资源化，使其转化为有用的建筑材料，在建设房屋的同时净化了环境。作为一种典型的生态建材，ZL 胶粉聚苯颗粒保温材料总体积 80% 是利用回收的废聚苯包装物（俗称城市"白色污染"的材料）制成，其中，粉煤灰材料占保温层总重量 1/3。以 2000 年为例，公司全年共消纳废聚苯 40 万 m^3，粉煤灰 2000 多吨，真正实现了在建造新建筑的同时净化了环境。

第三节 经济造价

165. ZL 胶粉聚苯颗粒保温材料及其成套技术的性能价格比优是如何实现的？

ZL 胶粉聚苯颗粒外墙外保温材料性能先进，而在价格上则较一般的外墙外保温材料要低，即高质量、中低价格，性能价格比十分优异。这主要基于以下四个原因：

(1) 该材料是国家重点的扶持项目；

(2) 北京市等政府部门在税收方面给予该材料有力地培育和支持；

(3) 公司拥有完善的质量保证体系，原料进厂、产品生产、半成品与过程控制、成品的搬运、防护、运输和交付以及原料和产品的检验均得到有效的控制，从而有效地保证了产品质量；

(4) 该材料体系自身构造的合理性，特别是对框架砌体结构工程而言，该材料体系是一次性投资最省、综合效益最好的一种做法。

第四章 施工应用

第一节 工艺流程

166．采用 ZL 胶粉聚苯颗粒保温材料进行施工的工艺文件主要有哪些？

(1) ZL 胶粉聚苯颗粒保温材料外墙外保温工法（国家级工法，编号 YJGF 41—2000）；

(2) ZL 胶粉聚苯颗粒保温材料屋面保温工法；

(3) ZL 抗裂砂浆玻纤网布增强聚苯板外墙外保温做法；

(4) ZL 胶粉聚苯颗粒保温材料外墙内保温抹灰工法（国家级工法，编号为 YJGF 40—98）；

(5)《外墙外保温施工技术规程（聚苯颗粒保温浆料玻纤网格布抗裂砂浆做法）》（北京市标准、DBJ/T 01—50—2000）、聚苯颗粒浆料高层建筑外墙外保温施工工法（天津市市级工法）等；

(6) 华北标办建筑构造通用图集（墙身-外墙保温）(88J2-X8,2000 版)；

(7)《ZL 聚苯颗粒外保温体系构造》图集（冀 01J 202,DBJT 02—28—2001）；

(8)《胶粉聚苯颗粒外墙外保温图集》（晋 2001J 101,DBJT 04—11—2001）；

(9)《ZL 胶粉聚苯颗粒外墙外保温构造图集》（津 2001 J/T 103,DBT/T 29—28—2001）；

(10) 其他技术文件，如建筑产品优选集（2001YJ 114,2001·9·总 176,中国建筑标准设计研究所编）、《ZL 聚苯颗粒外保温体系构造》图集（ZL 20—01）等等。

167．ZL 胶粉聚苯颗粒保温材料技术的基本工艺流程是什么？

基本工艺流程如下：

基层墙面清理——界面处理——测量垂直度、套方、弹控制线——做灰饼、冲筋、做口——复验基层平整度——抹保温浆料——保温层验收——弹分格线、开分格槽、嵌贴滴水槽——抹 ZL 水泥抗裂砂浆随即压入耐碱涂塑玻璃纤维网格布——抗裂防护层验收——涂刷 ZL 高分子乳液弹性底层涂料——刮 ZL 抗裂柔性耐水腻子——面层装饰——面层装饰验收。

168．ZL 胶粉聚苯颗粒保温材料做法在保温层厚度大于 60mm 的工艺流程是什么？

施工工艺如下：

基层墙面清理——界面处理——吊垂直、套方、弹控制线——做灰饼、冲筋、作口——钉射钉——抹保温浆料到距保温层表面 20mm 处——绑扎六角钢丝网——抹 20mm 厚保温浆料找平（晾到干燥）——保温层验收——弹分格线、开分格槽、嵌贴滴水槽——抹 ZL 水泥抗裂砂浆随即压入耐碱涂塑玻璃纤维网格布——抗裂防护层验收——涂刷 ZL 高分子乳液弹性底层涂料——刮 ZL 抗裂柔性耐水腻子——面层装饰——面层装饰验收。

169．ZL 现浇混凝土复合有网聚苯板聚苯颗粒外墙外保温技术的工艺流程是什么？

施工工艺如下：

固定聚苯板——支模板——与混凝土浇筑成形——拆模板——保温板面清理——吊垂直、套方、弹控制线——做灰饼、冲筋、作口——抹 ZL 胶粉聚苯颗粒保温浆料完全覆盖金属网找平——保温层验收——弹分格线、开分格槽、嵌贴滴水槽——抹 ZL 水泥抗裂砂浆随即压入耐碱涂塑玻璃纤维网格布——抗裂防护层验收——涂刷 ZL 高分子乳液弹性底层涂料——刮 ZL 抗裂柔性耐水腻子——面层装饰——面层装饰验收。

170．ZL 现浇混凝土复合无网聚苯板聚苯颗粒外墙外保温技术的工艺流程是什么？

施工工艺如下：

固定双表面喷砂后的带燕尾槽聚苯板——支模板——与混凝土浇筑成形——拆模板——保温板面清理——用 ZL 喷砂界面剂处理保温板面被破坏部位——测量垂直度、套方、弹控制线——做灰饼、冲筋、做口——复验基层平整度——抹保温浆料——保温层验收——弹分格线、开分格槽、嵌贴滴水槽——抹 ZL 水泥抗裂砂浆随即压入耐碱涂塑玻璃纤维网格布——抗裂防护层验收——涂刷 ZL 高分子乳液弹性底层涂料——刮 ZL 抗裂柔性耐水腻子——面层装饰——面层装饰验收。

171．ZL 胶粉聚苯颗粒外饰面粘贴面砖做法的基本工艺流程是什么？

ZL 胶粉聚苯颗粒外墙外保温饰面采用粘贴面砖时，其施工工序如下：

基层墙面清理——界面处理——吊垂直、套方、弹控制线——做灰饼、冲筋、作口——钉射钉——抹保温浆料——保温层验收——弹分格线、开分格槽、嵌贴滴水槽——绑扎四角钢丝网——抹 ZL 水泥抗裂砂浆完全包裹钢丝网——涂刷 ZL 高分子乳液弹性底层涂料——抗裂防护层验收——采用 ZL 保温墙面砖专用复合胶粘剂粘贴面砖——面砖施工验收。

172．ZL 胶粉聚苯颗粒外饰面干挂石材做法的工艺流程是什么？

基层墙面清理——界面处理——吊垂直、套方、弹控制线——做灰饼、冲筋、作口——抹保温浆料——保温层验收——往结构墙上打眼锚固膨胀螺栓——安装挂件——干挂石材施工——面层石材验收。

173．ZL 胶粉聚苯颗粒保温材料平屋面保温技术的工艺流程是什么？

施工工艺如下：

构造(a)：基层清理及处理——沿女儿墙内侧粘贴聚苯板，弹厚度线、坡度线——打点做厚度标准灰饼、冲筋——铺抹 ZL 胶粉聚苯颗粒保温浆料（干燥约 7d，检验）——抹 ZL 水泥抗裂砂浆找平层——浇水养护（干燥后验收）——防水层施工。

构造(b)：基层清理及处理——沿女儿墙内侧粘贴聚苯板，弹厚度线、坡度线——打点做厚度标准灰饼——铺设水泥焦渣找坡层（检验）——铺抹 ZL 胶粉聚苯颗粒保温浆料（干燥约 7d，检验）——抹 ZL 水泥抗裂砂浆找平层——浇水养护（干燥后验收）——防水层施工。

第二节 作业指导

174．ZL 胶粉聚苯颗粒保温材料及外墙外保温成套技术的作业条件是什么？

(1) 外墙面的垂直度和平整度应符合现行国家施工及验收规范要求；

(2) 外墙面上的雨水管卡、预埋铁件等应提前安装完毕，并预留外保温厚度；

(3) 内保温施工时,墙体内的暗埋管线、线槽、线盒等应提前安装完毕,并预留外保温厚度;

(4) 施工用脚手架的搭设应牢固,必须经安装检验合格后,方可施工。横竖杆与墙面、墙角的间距需适度,且应满足保温层厚度和施工操作要求;

(5) 预制混凝土外墙板连接缝应提前做好处理;

(6) 作业时环境温度不应低于5℃,风力不应大于5级,风速不宜大于10m/s。严禁雨天施工,雨期施工应做好防雨措施;

(7) 采用先塞口施工时,还应做到外檐门窗安装完毕,并经有关部门检查验收,门窗边框与墙体连接应预留出保温层的厚度,缝隙应分层填塞密实,并做好了门窗框表面的保护。

175. 基层清理有哪些要求?

(1) 清理主体施工时墙面遗留的钢筋头、废模板,填堵施工孔洞;

(2) 清扫墙面的浮灰,清洗油污;

(3) 旧墙面松动、风化部分应剔除干净;

(4) 墙表面突起物大于或等于10mm时应剔除。

176. ZL胶粉聚苯颗粒保温材料进场验收内容?

保温胶粉料的单袋重量25kg;聚苯颗粒的单袋体积200L;包装袋是否破损;材料是否与合格证、检测报告相配套、是否有储存说明、是否在有效期以内。

177. ZL胶粉聚苯颗粒保温材料的储存条件有哪些?

(1) ZL混凝土界面剂、ZL水泥砂浆抗裂剂、ZL高分子乳液弹性底层涂料应防止曝晒雨淋,储存温度在5~30℃之间;

(2) ZL胶粉料、浮雕涂料、ZL抗裂柔性耐水腻子应置于干燥通风库房;

(3) 耐碱涂塑玻璃纤维网格布应立码,不宜平堆,且应防火;

(4) 聚苯颗粒轻骨料必须防火,且严禁曝晒雨淋。

178. ZL胶粉聚苯颗粒保温材料施工现场的安全文明施工准备工作有哪些内容?

(1) 搭设搅拌棚,所有材料必须在搅拌棚内机械搅拌,防止聚苯颗粒飞散,影响现场文明施工;

(2) 聚苯颗粒应有好的保护防止包装的破坏;

(3) 对在楼及搅拌棚周围露天存放的砂石料,用苫布或细目安全网覆盖;

(4) 对门框在小推车的高度内,包裹铁皮,防止门框破坏;

(5) 窗框下框处应有扣板保护,扣板可用1cm厚木板钉成冂形状,扣板的顶板比框高2cm左右。

179. 搅拌棚的搭设有哪些要求?

(1) 搅拌棚的地点应选择背风向;

(2) 搅拌棚应尽量靠近垂直运输机械;

(3) 搅拌棚三侧封闭,一侧作为进出料通道,应有顶棚,地面应平整坚实;

(4) 远离砂石料场,并尽量使其处于砂石料场的下风向。

180. 采用ZL胶粉聚苯颗粒保温材料及其成套技术施工时,其劳动组织如何配备?

劳动组织的配备应根据工程量和工期的要求而定,一般抹ZL胶粉聚苯颗粒保温浆料为一个班组,其中配料、运输2人,抹灰4人;抹ZL水泥抗裂砂浆时,配料、运输2人,抹灰2

人,铺耐碱网格布 2 人;涂刷高分子乳液弹性底层涂料及刮抗裂柔性耐水腻子时需 4 人。

181．根据基层材料的不同界面处理有哪几种方式？

（1）砖墙。在施工前浇水湿润,施工时表面成阴干状;

（2）加气混凝土。界面砂浆界面剂:水泥:中砂＝1:1:1 滚刷基层表面;

（3）混凝土。界面砂浆界面剂:水泥:中砂＝0.5～0.8:1:1 笤帚拉毛。

182．ZL 胶粉聚苯颗粒保温材料施工中如何吊垂直、套方、弹控制线？

（1）在顶部墙面固定膨胀螺栓,作为挂线铁丝的垂挂点;

（2）根据室内三零线向室外返出外保温层抹灰厚度控制点,而后固定垂直控制线两端;

（3）复测每层三零线到垂直控制通线的距离是否一致,偏差超过 20mm 的,查明原因后做出墙面找平层厚度调整;

（4）根据垂直控制通线做垂直方向灰饼,再根据两垂直方向灰饼之间的通线,做墙面保温层厚度灰饼,每灰饼之间的距离（横、竖、斜向）不超过 2m;

（5）测量灰饼厚度,并作记录,计算出超厚面积工程量。

183．基层锚固中射钉、绑扎铅丝的选择及其施工要求？

射钉:直径为 5mm、长 42mm 带尾孔射钉

绑扎铅丝:22 号镀锌铅丝

基层锚固的作用是提高钢丝网的牢固性,加强钢丝网的整体受力状况,使其包裹物更为安全可靠。射钉以梅花状形式分布,其间隔尺寸按结构特点而定,一般射钉在墙上的密度按每平方米 3～4 枚,间距 500mm 左右,但应严格控制锚固在混凝土梁、柱、墙范围内,然后在射钉的尾孔拴好锚固 22# 双股镀锌铅丝。

184．ZL 胶粉聚苯颗粒保温材料的拌制配比及要求？

（1）配比:水:保温胶粉料:聚苯颗粒＝35～40kg:1 袋:1 袋;

（2）开动搅拌机,先将水倒入搅拌机内然后倒入一袋保温胶粉料搅拌 3～5min,再倒入一袋聚苯颗粒继续搅拌 3min;

（3）ZL 胶粉聚苯颗粒保温浆料拌制必须在搅拌棚内进行;

（4）ZL 胶粉聚苯颗粒保温浆料拌制必须设专人搅拌以控制搅拌的时间及配比。

185．ZL 胶粉聚苯颗粒保温浆料的搅拌质量应如何控制？

对保温浆料现场实行湿容重检测,用容积为 1L 的量筒对现场砂浆搅拌机内的保温浆料进行抽检称量,要求其在 0.4kg 左右,此时的湿容重为每立方米 400kg 左右,干燥后可控制每立方米 230kg 以下,这样可保证保温层的导热系数,满足设计要求。

186．ZL 胶粉聚苯颗粒保温层每次抹灰厚度最适宜为多少,各层有何区别？

ZL 胶粉聚苯颗粒保温层每次抹灰厚度最适宜一般在 20～25mm,但各层也略有差异。

（1）在打底层时,平整度应逐层控制,一般为 25mm 左右;

（2）中间层抹灰时,其平整度要求应达到初步找平的标准,抹灰厚度宜 15～20mm;

（3）面层抹灰时,其平整度偏差不应大于 ±4mm,不能抹太厚,以 8～10mm 为宜。

187．如何抹好保温层？

保温材料因其在浆料状态时强度低、松软、易变形等特点,要找平保温层时,应注意以下几点：

（1）最后一遍保温层的抹灰厚度应控制在不大于 10mm;

(2) 基层保温层的平整度、垂直度等的允许偏差应控制在±10mm；

(3) 当增加灰饼密度时，可不做冲筋，其灰饼间距不应大于1m；

(4) 当采用废聚苯板做灰饼时，一般聚苯板切割成50mm×50mm灰饼大小，用水泥或其他干缩变形量小的粘结材料粘结；

(5) 保温层抹灰时，抹灰厚度应略高于灰饼的厚度，而后用杠尺刮平，用抹子局部修补平整；

(6) 待抹完保温面层30min后，用抹子再赶抹墙面，用托线尺检测后达到验收标准。

188. ZL胶粉聚苯颗粒外墙外保温层施工注意事项？

(1) 保温浆料每遍抹20mm左右，间隔在24h以上；

(2) 设计保温层厚度>60mm，距保温表层20mm处增加一层六角钢丝网，增强保温层与结构联结的整体性，钢丝网应用预埋钉上的镀锌铅丝绑紧；

(3) 保温浆料应在4小时内使用完毕，回收的落地灰在4小时内回罐搅拌后使用完毕；

(4) 保温层固化干燥后（一般为5~7d），方可进行抗裂防护层施工；

(5) 保温层最后一遍抹灰时，应达到冲筋厚度并用大杠搓平，门窗洞口垂直平整度应达到规定要求。

189. 金属六角网的选择及施工要求？

金属六角网：22号镀锌铅丝，孔平等边距25mm。

当保温厚度施工到距保温设计厚度2cm时，可进行钢丝网的铺贴和锚固工序。应根据结构尺寸裁剪钢丝网分段进行铺贴。铺贴前，应检查对拉片和锚固铅丝是否绑牢，有无松动及漏绑的，在裁剪钢网过程中，不得将网形成死折，在铺贴过程形成网兜，网张开后应顺方向依次平整铺贴，并用预留的锚固铅丝绑扎牢固，在灰饼处，把网按灰饼大小剪开，网与网之间的搭接长度规定为，长边与短边的搭接均不应小于50mm，局部不平整的部位可临时用粗钢丝做U形钩子卡平，直到平整为止。

190. 如何施工色带？

在抹完第一遍保温层后，弹出色带控制线，根据色带控制线抹出色带内口平面，质量达到验收要求，在内平面上弹出两色带边线，抹面层保温时，沿边线夹尺，做出色带。

191. 怎样做滴水槽？

(1) 根据设计要求弹控制线；

(2) 用壁纸刀沿线划开设定的凹槽；

(3) 用抗裂砂浆填满凹槽，将滴水槽嵌入凹槽与抗裂砂浆粘结牢固，收去两侧沿口浮浆，滴水槽应镶嵌牢固；

(4) 要求滴水槽在一个水平面上，且到窗口外边缘的距离相等。

192. 如何处理预留的线槽、线盒？

在抹外墙内保温或外保温的阳台时，常遇一些未安装好的线槽、线盒，抹灰时应注意以下几点：

(1) 把废聚苯板切割成一方块，其长宽比线槽盒大3mm左右，厚度同保温层厚度齐平，把其固定在线槽盒上，盖住盒口；

(2) 待保温浆料干燥后，取出聚苯板块；

(3) 抹抗裂层时，网格布沿线槽盒对角线裁开，在接长线盒时把其压入内壁。

193. 如何进行窗户后塞口的保温施工？

从外墙面顶部的檐口处沿洞口两侧吊垂直控制通线,同层窗口拉水平控制通线;控制通线的位置应考虑外窗肩、窗沿、窗台等保温抹灰后压住窗框的距离。保温抹灰压住窗框周边尺寸宜为10mm。

根据控制通线做好窗口周边的灰饼,抹灰时注意,抹灰面与窗框接触面应留直口,留茬应在同一个平面上。

194. 如何进行窗户先塞口的保温施工？

窗户采用先塞口施工时,其窗框四周应填塞密实,窗户经验收合格后方可进行保温抹灰厚度施工,保温抹灰厚度包裹住窗框宜为10mm,注意保温面层到窗框内侧的距离一致;在抗裂层施工前应在窗框与保温层之间放一预制长条薄板,其尺寸为厚3mm、宽5mm,待抗裂层施工完后取出,在留茬口及时注硅酮胶。

195. 地下室顶棚保温抹灰施工应注意哪些问题？

(1) 拌和浆料时浆料的稠度应达到抹灰稠度标准;
(2) 保温层每遍的抹灰厚度不宜大于15mm;
(3) 抹灰时,应严格控制抹压次数;
(4) 顶棚施工时要求其上层地面无震动荷载,室内含湿量低;
(5) 保温施工时,顶棚孔洞,管道等严禁滴水;
(6) 保温与安装工程的顺序为:暗埋管线的安装施工——保温施工——管道等的安装施工——保温修补施工。

196. 抗裂砂浆的拌制要求？

抗裂砂浆的配制:强度等级为42.5的普通硅酸盐水泥:中砂:ZL抗裂剂按1:3:1的重量比用强制型砂浆搅拌机或手提式搅拌器搅拌均匀,配制抗裂砂浆的加料顺序为:先加入抗裂剂再加入中砂搅拌均匀后,再加入水泥继续搅拌。抗裂砂浆拌和时不得加水,并应在2h内用完。

197. 为什么拌和抗裂砂浆时,必须先加入抗裂剂和砂子后加入水泥？

因为抗裂剂的粘度较大,对细颗粒物易形成包裹,所以在拌和抗裂砂浆时,应先把抗裂剂与砂子拌和均匀,达到抗裂剂均匀离散包裹单个砂粒。加入水泥时,在砂粒间水泥与抗裂剂进行正常的水化反应硬化后形成水泥抗裂层,否则,易形成水泥干粉团,影响抗裂层的质量。

198. 如何保证抗裂防护层的平整度？

(1) 抗裂防护层的平整度控制首先要求保温隔热层的平整度达到标准,达不到平整质量标准要求应事先用保温浆料找平;
(2) 窗角、阴阳角等部位的加强网格布应先用ZL水泥抗裂砂浆贴好,接着连续施工大面,掌握先施工细部,后施工整体,整片的耐碱网格布压住分散的加强型耐碱网格布的原则;
(3) 在耐碱网格布搭接时,应将底层耐碱网格布压入抗裂砂浆,后随即压入面层耐碱网格布。施工作业面上应准备一些未拌和的抗裂剂,在耐碱网格布无法压入抗裂砂浆时,可在墙面上抛洒一些抗裂剂,使其湿润,并使抗裂砂浆不粘抹子,应随抹随用扫帚粘刷抗裂剂。

199. 在洞口四角沿45°方向为何要贴加强型耐碱网格布？

(1) 在保温层的温度发生变化时,在洞口的长度方向上发生纵向变形,形成纵向应力,在洞口的宽度方向上发生横向变形,形成横向应力,在横竖交接处,产生应力集中,相应的易形成沿洞口对角线的延长线上的裂缝,而大面的耐碱网格布在此处的45°线上非径向受力,故应贴一道垂直于裂缝发展方向的耐碱网格布,使耐碱网格布受径向力,分散应力,减少裂缝的发生;

(2)地基的不均匀沉降,地震的纵向波等原因都能使应力在角处形成应力集中,为减少此原因引起的裂缝,也应加贴一道沿45°方向的加强型耐碱网格布。

200．阴阳角处的耐碱网格布如何铺贴?

(1)在阴阳角处应加铺一层加强型耐碱网格布,其宽度约为400mm,压入水泥抗裂砂浆中,随后铺贴大面耐碱网格布。在铺贴前,应把在转角处的耐碱网格布,预先折出一道棱角,在抹抗裂砂浆时易成线;

(2)在抹完抗裂砂浆20~30min后,把抹子用抗裂剂洗刷干净,在角处夹好靠尺,用干净的沾了抗裂剂的抹子做出一边,按同样的办法做另一边。

201．抗裂防护层施工时耐碱网格布为何不能干搭?

耐碱网格布全称涂塑耐碱涂塑玻璃纤维网格布。是以含锆玻璃纤维网格布为基布、涂覆耐碱橡塑材料,是柔性抗裂防护层的配套产品。如果耐碱网格布进行干搭,使其不能与ZL柔性抗裂砂浆进行复合或有效粘合,不能形成抗变形性能良好的抗裂防护层,影响变形应力传递以及抗裂、抗冲击性能,因此在施工作业中,严禁耐碱网格布干搭。

202．耐碱网格布有何搭接要求?

将耐碱网格布裁好,在保温层上抹抗裂砂浆,厚度控制在3mm(网格搭接处可加厚度至5mm),然后用铁抹子将耐碱网格布压入抗裂砂浆内,网眼砂浆饱满度应为100%;耐碱网格布搭接宽度不应小于50mm,耐碱网格布的边缘严禁干搭接,必须嵌在抗裂砂浆中。阴角处耐碱网格布要压茬搭接,其宽度不应小于50mm;阳角处应压茬搭接其宽度不应小于200mm;搭接处的网眼砂浆饱满都应为100%,同时要抹平、找直,保持阴阳角处的方正和垂直度。

203．抗裂层施工注意事项?

(1)抗裂砂浆必须在两小时内用完;

(2)在门窗洞口的四角处必须沿45°加贴一道玻纤网格布,洞口四个阴角必须加铺一道网格布;

(3)网格布严禁干搭;

(4)首层必须铺贴双层网格布且在大角处应安装金属护角。

204．ZL胶粉聚苯颗粒外墙外保温首层外墙施工应注意哪些问题?

首层墙面应铺贴双层网格布,第一层铺贴时网格布之间采用对接方法,两层网格布之间的抗裂砂浆应饱满,第二层同大面铺法,首层的阳角双层网格布之间铺设专用金属护角,在第一层网格布铺好后,放好金属护角,用抹子拍压出抗裂砂浆,护角高度一般为2m,抹第二遍抗裂砂浆包裹住护角。

205．脚手眼等后施工孔洞应如何修补?

施工孔洞的修补主要难点在抗裂层的修补上,其做法如下:

(1)在大面施工抗裂层时,在孔洞的周边应留出30mm左右的位置,不抹水泥抗裂砂浆,耐碱网格布沿对角线裁开,形成四个三角片;

(2) 在修补孔洞时,用保温砂浆填平孔洞,使孔洞周围200mm见方的保温略低于其他保温3~5mm;

(3) 保温层干燥后,抹抗裂砂浆,并将原预留耐碱网格布压入水泥抗裂砂浆中,在孔洞周围另加贴一200mm见方的耐碱网格布压平。

206．ZL胶粉聚苯颗粒保温材料屋面保温技术的作业条件是什么?

(1) 屋面结构工程施工完毕、验收合格;

(2) 屋面上各种预留孔洞、烟道洞口、风道洞口应提前施工完毕,各种伸出或穿过屋面的管道及设备应在细石混凝土提前塞实、固定;

(3) 屋面杂物应清理干净并运走,基层打扫干净;

(4) 屋面保温层施工温度应在5℃以上,雨天不宜施工;

(5) 斜屋面、异形屋面施工时,操作架子、脚手板、护身栏应搭设安装完毕,安全检查合格,方可上人;

(6) 屋面为预制钢筋混凝土楼板时,板缝处理应按《屋面工程技术规程》GB 50207—94第4.1.2条处理。

207．屋面保温层施工应注意哪些事项?

(1) 屋面保温浆料应采用强制型搅拌机搅拌,随搅随用且在3h内用完,施工时不得任意加水;

(2) 保温浆料初凝后,应及时进行找平抹面的施工;

(3) 雨天或大风时不得施工,施工中遇雨时应及时进行遮盖;

(4) 屋面防水层应在水泥砂浆找平层和保温层见干后铺设,并宜设置屋面排汽系统。

208．屋面保温层施工有哪些要求?

(1) 施工中应对保温层工序进行检查和控制,达到设计要求;

(2) 保温层施工后应通过质量验收,与屋面防水处理应做好质量交接;

(3) 屋面结构层与防水层之间沿女儿墙四周应粘贴50mm厚的聚苯板,以消纳屋面水泥砂浆找平层的变形应力,防止女儿墙沿找平层处被顶裂。

209．怎样进行屋面保温施工材料的准备?

(1) 界面剂∶水泥∶中砂＝1∶1∶1(重量比)。先将水泥与中砂按配比干搅拌均匀后加入界面剂;

(2) ZL屋面保温胶粉料∶聚苯颗粒轻骨料∶水＝1袋∶1袋∶38~42(kg)配制时先在砂浆搅拌机中倒入所需水量)然后倒入1袋25kg胶粉料搅拌3~5min后,再倒入一袋聚苯颗粒(205L±5L)继续搅拌约3min后即可使用;

(3) 抗裂砂浆配制同前述;

(4) 水泥∶焦渣＝1∶6(体积比)。焦渣应事先浇水闷透,闷水时间不少于5天,搅拌时先将水泥、焦渣按配比搅拌均匀(约1分钟左右),然后加适量水,湿搅(1~2分钟),使水泥浆分布均匀,干硬程度以便于滚压密实为准。

210．炎热天气施工时,采用ZL胶粉聚苯颗粒保温材料应注意哪些问题?

(1) 搅拌时尽量减少余料,随搅随用,特别是ZL水泥抗裂砂浆,有条件时,ZL水泥抗裂砂浆应采用手动搅拌器现场搅拌,边搅边用;

(2) 避免高温或高温时段进行抗裂防护层施工;

（3）搅拌保温浆料时，应适当调整配合比的用水量，以满足抹灰稠度。

211．ZL胶粉聚苯颗粒保温材料施工后的成品保护应注意哪些事项？
（1）色带、滴水槽、门窗框、管道、槽盒等上的残存砂浆，应及时清理干净；
（2）翻架子时应有防止对已抹好墙面、门窗、洞口、边、角、垛等造成破坏的保护措施，其他工种作业时不应污染和损坏墙面，严禁踩踏窗口；
（3）各构造层在凝结硬化之前应防止水冲、撞击、振动。

212．外墙外保温工程施工时的安全管理措施有哪些？
（1）外保温架子必须经验收后方可上架施工，工人在上脚手架之前由专业人员检查脚手架，安全网、脚手板不得存在安全隐患；
（2）安排专业人员随时检查施工现场的安全问题。检查施工人员是否配带安全帽、安全带，确保施工人员的安全。

第三节　涂料饰面做法

213．外墙外保温饰面涂料做法的涂层系统结构是怎样的？
外墙外保温饰面涂料做法的涂层系统基本结构一般由腻子层、底涂层、主涂层、面涂层组成。
（1）所用涂料按表面装饰效果分为：平壁状装饰涂料、薄质装饰涂料、复层装饰涂料；
（2）按主要成膜物性质分为：溶剂型涂料、水性涂料；
（3）按面涂光泽高低分为：高光、半光、亚光。
因所用涂料不同，其涂层系统结构也有所不同。

214．适用于外墙外保温体系的外饰面涂料应具备什么性能？
适用于外墙外保温体系的涂料应具备以下性能：
（1）可以有效地防止面层出现裂纹，有一定的延伸性；
（2）防水性及透气性；
（3）装饰性、一定的色彩稳定性、耐污性；
（4）并具有较强的耐老化性能。

215．ZL胶粉聚苯颗粒外墙外保温成套技术所选用的配套面层涂料主要有哪些？
（1）弹性涂料；
（2）反射太阳能涂料；
（3）有机乳液外涂。

216．外墙外保温饰面涂料做法的基层如何处理？
处理如下：
（1）检查基层干燥程度及碱性。一般控制含水率≤10%，pH<10；
（2）清除基层表面污染及粘附杂物；
（3）填补缺损部位、孔眼；
（4）刮抹腻子，找平基层表面凹陷部；
（5）打磨残留的刮痕及轻微凸出处。
对于（3）、（4）步骤，因饰面涂层系统不同，其涂层厚度、表面纹理花饰效果就不同，故对基层的平整度要求不一样。一般来说,平壁状装饰涂料基层平整度要求较高,特别是平壁状高光涂料更高;薄质装饰涂料基层平整度要求次之;复层装饰涂料基层平整度要求不高,只作一般的找平即可。

217．外墙外保温饰面涂料做法的基层处理应选用什么样的材料？

（1）填补缺损部位、孔眼应选用柔韧性好、具有抗裂功能的抗裂砂浆；

（2）找平用腻子应选用柔韧性好、粘结强度高、耐水、耐碱的柔性耐水腻子,以满足柔性渐变、应力分散的要求,防止面层出现开裂、脱落等不良现象。

218．外墙外保温饰面涂料做法为什么要选用底漆？

这是因为:新墙面大都是高 pH 值的,施工过程中往往赶工期,基层干燥又不很完全,并且外墙外保温体系还存在基层柔软、强度不高的问题,故需要配套一种特种底漆改变基层表面性质、分散应力,避免、开裂、剥落、鼓泡、起皮、泛碱等不良现象。

219．选用底漆需考虑哪些因素？

外墙外保温特种底漆与普通外墙底漆相比有其特殊之处,选用不当,不仅起不到应有的作用,还会给饰面层造成严重不良后果。选用时要考虑以下方面的因素：

（1）柔韧性好,富有弹性；

（2）呼吸性,能有效消除水汽的影响；

（3）增强附着力；

（4）提高饰面层装饰效果；

（5）抗碱性。

220．外墙外保温饰面涂料做法的主涂层应具哪些性能？

外墙外保温饰面做法的主涂层应具有一定柔性变形能力,即弹性,以缓和从面层及基层传递来的应力变形影响,起到良好的防裂效果。同时还应具有良好的呼吸性,促进墙体水分排出,抑制 CO_2 等酸性气体通过,保护基层水泥系材料。

221．外墙外保温饰面涂料做法应选择什么样性能的面涂涂料？

面涂装饰应选择耐候性优良、柔韧性好、弹性高、具有呼吸功能、自清洁性能、防水抗碱性优异的优质涂料,以避免发生起泡、脱落、起皮、褪色、失光、开裂等不良现象。

222．平壁状装饰涂料的施工工艺是怎样的？

清理、检查基层→补缺损、孔眼→刮柔性抗裂腻子→打磨→薄涂弹性底漆一遍（10～20μm）→找平、打磨→涂弹性底漆一遍（20～40μm）→涂面涂（40～80μm）→检查、修补→验收。

223．薄质装饰涂料的施工工艺是怎样的？

清理、检查基层→补缺损、孔眼→刮柔性抗裂腻子→（打磨）→涂弹性底漆一遍（20～40μm）→涂面涂（40～80μm）→（罩面）1～2遍（30～50μm）→检查、修补→验收。

224．覆层装饰涂料的施工工艺是怎样的？

清理、检查基层→补缺损、孔眼→刮柔性抗裂腻子→涂弹性底漆一遍（20～40μm）→喷涂主涂层（3～5mm）→（压花）→涂面涂2～3遍（50～80μm）→检查、修补→验收。

225．涂料施工过程应注意哪些事项？

（1）基层必须充分干燥；

（2）产品尽可能配套使用,并严格按产品说明书要求施工,以充分发挥产品特性；

(3) 涂刷时每道工序要充分按要求进行；
(4) 避免在强日照、大风、雨雪等天气环境下施工；
(5) 水性涂料在温度 5℃ 以下或相对湿度 85% 以上不宜施工；
(6) 涂料的储存应放于阴凉干燥和免受日光直射的地方，温度控制在 0℃～40℃。

226．涂料施工过程应避免哪些不良现象？其产生的原因是什么？

涂料施工过程应避免以下 16 种不良现象：

(1) 褪色、变色。其产生的原因主要有：

① 涂料运用了耐候性差的树脂、乳液、颜料；

② 基层碱性太高，处理不当；

③ 底漆质量或选择有误。

(2) 光泽不够、不匀。其产生的原因主要有：

① 涂膜厚度不够；

② 基层表面平整度不够，渗吸不均匀；

③ 溶剂型涂料错用稀释剂；

④ 昼夜温差大，未干的涂膜吸潮，造成表面出现光泽不匀。

(3) 失光。其产生的原因主要有：

① 水性涂料兑水太多；

② 使用了耐候性差的劣质涂料。

(4) 粉化。其产生的原因主要有：

① 水性涂料兑水太多；

② 使用劣质涂料；

③ 配料错误；

④ 基层碱性高，吸水率大；

⑤ 涂膜厚度不够；

⑥ 冬季施工气温低，湿度高；

⑦ 未使用底漆或底漆质量差。

(5) 起鼓。其产生的原因主要有：

① 涂膜耐水性差，不具备呼吸功能；

② 基层没干燥好，就进行下一工序；

③ 基层处理施工间隔时间不够；

④ 基层处理不彻底，有空腔，遇水、溶剂后起泡；

⑤ 环境温差大，一次涂膜太厚；

⑥ 基层处理材料耐水、耐溶剂性差。

(6) 开裂、龟裂。其产生的原因主要有：

① 涂膜刚性太强，柔性差；

② 涂料质量有问题；

③ 涂料配套有误，溶剂型涂料用在水性涂料上；

④ 气候环境太干燥；

⑤ 柔性差的涂料用在柔性好的基层上面；

⑥ 腻子等底层材料未干燥完全,就进行下一道工序;
⑦ 涂膜太厚,外干内不干;
⑧ 施工时温差大,风大。

(7) 成片剥离。其产生的原因主要有:
① 基层处理不当,表面太光,粗糙度不够;
② 基层碱性太高,含水量太高;
③ 基层强度低,不牢固;
④ 涂料本身附着力差,耐水、耐碱性差;
⑤ 施工工艺有问题,夏季施工时一次涂膜太厚;
⑥ 底材吸水率太大;
⑦ 对底材润湿不好;
⑧ 阴雨寒冷天气施工;
⑨ 材料配套性不良;
⑩ 封固底漆施工时,涂刷得太厚。

(8) 发花。其产生的原因主要有:
① 涂刷不均匀,漏刷;
② 基层处理不好,渗吸不匀;
③ 粘度调配的太稀,造成遮盖力下降;
④ 使用了劣质涂料。

(9) 流挂。其产生的原因主要有:
① 稀释过度,涂刷粘度太小;
② 一次涂膜太厚;
③ 施工次序有误,应从上往下施工;
④ 施工温度太低;
⑤ 溶剂型涂料稀释剂挥发速度慢。

(10) 气泡、起泡。其产生的原因主要有:
① 基层有孔穴,填补、找平不彻底;
② 腻子不够细腻,过粗;
③ 施工时第一遍与第二遍间隔时间短;
④ 一次涂膜太厚,表干里不干;
⑤ 溶剂型涂料中混入水;
⑥ 水性涂料使用辊筒时,辊筒太湿;
⑦ 在强日照、大风、下雨天施工。

(11) 针孔。其产生的原因主要有:
① 溶剂型涂料稀释剂使用有误,挥发太快;
② 施工时气温太高,涂膜一次太厚;
③ 阳光直照下、大风环境中施工;
④ 基层有微孔;
⑤ 夏季气温太高、湿度太大。

(12) 缩孔、鱼眼。其产生的原因主要有：
① 基层未清理干净，有油迹、污渍等；
② 使用的涂刷工具沾有油污；
③ 使用的盛料桶混有油污；
④ 使用了劣质面涂涂料；
⑤ 使用了劣质底漆；
⑥ 与基层的配套性差，润湿性差；
⑦ 基层表面粗糙度不够。

(13) 析白、泛碱、起霜。其产生的原因主要有：
① 基层碱性高、含水率高；
② 干燥时间短，环境潮湿；
③ 冬季雨雪天气施工；
④ 使用了劣质封固底漆。

(14) 搭边、接茬明显。其产生的原因主要有：
① 气温高，涂料干燥太快；
② 完整平面分多次施工，两次施工间隔太长；
③ 同一颜色的不同批次涂料有轻微色差；
④ 基层材质不同，表面多孔；
⑤ 基层平整度差。

(15) 起皱。其产生的原因主要有：
① 涂膜太厚，里层未完全干透；
② 第一遍涂料未干透就进行下一遍施工；
③ 涂膜未完全干燥就暴露在高温高湿的环境中；
④ 面涂与底漆不配套，溶剂型面漆涂在水性底漆上；
⑤ 底漆质量低劣；
⑥ 基层表面温度过高；
⑦ 大风天气时施工；
⑧ 冬季低温阴冷气候施工。

(16) 发霉。其产生的原因主要有：
① 涂料防菌抗霉性差；
② 基层表面霉菌未处理；
③ 涂装表面长期潮湿，日照少。

227. 涂料施工的验收质量要求是什么？

(1) 保证项目验收要求

涂料的品种质量和颜色必须符合设计要求和有关标准规定。一般严禁掉粉、起皮、漏刷、透底。

(2) 基本项目验收要求

外墙涂料施工完毕后，验收一般以 4m 左右高为一个检查层，每 20m 长抽查 1 处（每处 3m），但不少于 3 处。基本项目验收要求有：

① 一般刷浆、喷浆。见表42。

一般刷浆、喷浆验收要求　　　　　表42

项目	等级	普通	中级	高级
返碱咬色	合格	有少量,不超过5处	有轻微少量,不超过3处	明显处无
	优良	有少量,不超过3处	有轻微少量,不超过1处	无
喷点刷痕	合格	2m正视,无明显缺陷	2m正视,喷点均匀,纹理通顺	1.5m正视,喷点不均匀,纹理通顺
	优良	2m正视,喷点均匀,纹理通顺	1.5m正视,喷点均匀,纹理通顺	1m正视,喷点均匀,纹理通顺
流挂、疙瘩、溅沫	合格	有少量	有轻微少量,不超过5处	明显处无
	优良	轻微少量	有轻微少量,不超过3处	无
颜色、砂痕、划痕	合格	颜色一致	正视颜色一致,有轻微少量砂眼、划痕	
	优良	颜色一致,有轻微少量砂眼、划痕	正视颜色一致,无砂眼、无划痕	
装饰线分色线	合格		偏差不大于3mm	偏差不大于2mm
	优良		偏差不大于2mm	偏差不大于1mm

② 美术刷浆、喷浆。见表43。

美术刷浆、喷浆验收要求　　　　　表43

项目	等级	验收要求
纹理花点	合格	无明显缺陷
	优良	纹理花点分布均匀、质感清晰、协调美观
线条	合格	均匀平直
	优良	均匀平直、颜色一致、无接头痕迹

228．浮雕涂料的特点是什么？

浮雕涂料是一种由底漆、中层骨料、面层涂料等组成的复合式立体装饰涂料,其中底漆和面漆同时具有良好的透气和防水功能,中层骨料有一定柔性变形能力。其粘结力强、耐水、耐碱、耐候性能优良、直接喷涂的效果好,适用于各类建筑物,特别适合外墙外保温墙体的装饰及保护。

229．喷涂弹性涂料时注意事项主要有什么？

喷涂弹性涂料时,压力要稳定在0.6MPa左右,喷嘴垂直于墙面距离墙面约30mm～50mm,喷点按样板大小喷涂均匀,无流坠,辊压时间要适合,用力要均匀适度,注意接茬。切勿漏喷、漏压、漏涂。首层要刮完外墙ZL柔性抗裂腻子后再喷弹性浮雕涂料。

230．纯丙树脂高光外墙涂料在施工中应注意哪些事项？

(1) 施工温度不应低于8℃；

(2) 作业时应避免风沙、雨天天气；

(3) 基层喷刷高渗透封闭底漆；

(4) 基层含水率不应大于10%,pH值应小于10。

第四节 粘贴面砖饰面做法

231. ZL胶粉聚苯颗粒保温材料饰面粘贴面砖技术的构造做法是什么？

ZL胶粉聚苯颗粒保温材料外墙外保温饰面粘贴面砖的构造设计具体如图16。

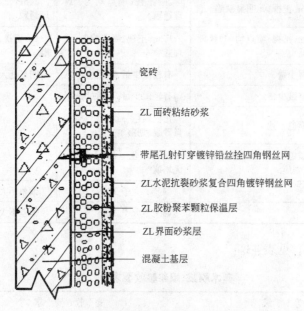

图16 粘贴面砖饰面的构造设计

说明：带尾孔射钉直径为5mm,长42mm；镀锌铅丝20#；四角镀锌钢丝网直径1.2mm、孔径2cm×2cm。

本构造强调：

(1) 在抗裂防护层中,用四角镀锌钢丝网复合抗裂砂浆为抗裂防护层,并将镀锌钢丝网与结构墙上预埋的射钉上的镀锌铅丝绑紧,从而提高面层、保温层与结构层的结合牢度；

(2) 强调四角钢丝网应铺置于保温层的面层,抗裂砂浆要含住钢丝网,从而使抗裂防护层与基层混凝土墙通过铅网与固定件结合为一体。用ZL水泥抗裂砂浆复合四角镀锌钢丝网,使面层强度进一步提高,从而提高了整个构造的安全可靠性；

(3) 粘贴面砖的专用胶粘剂,选用粘结强度和抗冻融性能均达到标准规范要求的材料,为变形量大于面砖温度变形量差两个数量级的胶粘剂。这种面砖胶粘剂可适应面砖在温度变形时形成的内应力,避免了保温面层面砖温度变形较大而引起面砖脱落。

232. ZL胶粉聚苯颗粒保温材料外饰面层粘贴面砖与涂料外饰面层施工时,其保温和抗裂的做法有何区别？

粘贴面砖面层与常规装饰面层施工时主要差异体现在保温层和抗裂防护层的做法上。粘贴面砖的保温层施工时,要求在抹灰前先按每平方米4根的密度均匀钉好射钉(尾部带孔的射钉)与基层连接,并在其尾部孔中穿入镀锌铅丝。待保温层干燥后,用预埋的镀锌铅丝绑牢镀锌金属网,再抹ZL水泥抗裂砂浆并将金属网含在抗裂砂浆内。抗裂砂浆的平均厚度为 5mm。在钢丝网上抹抗裂砂浆,应适当增加抗裂砂浆的稠度,水泥用量可适当调整,砂子可采用稍粗些的,抹灰时要求上杠找平,最后可用木抹子搓平,一直达到设计强度时进行下道工序,但必须经过有关方面对基层的验收。允许偏差及检验方法,可根据地方标准的有关允许偏差及检验方法。另外,面砖必须采用专用的面砖胶粘剂粘贴。

233. 面层为铺砖法施工时抗裂层应采用什么规格、尺寸的钢丝网？如何进行钢丝网的铺贴和锚固？其注意事项是什么？

保温层强度达到要求时,可进行钢丝网的铺贴和锚固工序。采用 22 号孔径 2cm×2cm 的四角镀锌钢丝网,应根据结构尺寸裁剪钢丝网分段进行铺贴。铺贴前,应检查射钉和锚固铅丝是否合理,有无松动及漏钉,如发现及时补缺。补缺的过程应严格把关。具体做法如下：换位置,但距离原有钉的位置不易过远,而且在相应的位置铲除保温浆料,漏出原有的混凝土结构,一般在 100mm×100mm 范围内,清理干净之后射钉,然后再加入锚固铅丝。

在裁剪钢网过程中,不得将网形成死折,在铺贴过程形成网兜,网张开后应顺方向依次平整铺贴,并用锚固铅丝绑扎牢固,网与网之间的搭接长度规定为,长边与短边的搭接均不应小于 50mm,局部不平整的部位可临时做 U 形钩子调整,直到平整为止。钢丝网铺贴完毕后,应经现场专业工长及项目主管验收合格后方可进行下道工序。

234. 粘贴面砖施工的注意事项是什么？

注意事项如下：

(1) 在粘贴面砖前,应准备喷水器对所粘贴的基层进行喷水湿润,以不流淌为宜;

(2) 在每一分段或分块内的面砖均为自下向上粘贴,从最下一层砖下皮的位置线先隐好靠尺,以此托住第一皮面砖,在面砖外皮上口拉水平通线作为粘贴的标准;

(3) 挂线时,应横竖向均匀甩缝 5mm,竖向缝隙挂双线,水平向挂单线,但要棱上跟线,在铺贴过程中及时垂吊,防止出现垂直偏差。超过 3m 时(水平距离)或中间腰线层高超过 3m 时,应用 3m 杠检查;

(4) 常温施工时,24 小时后要喷水养护,水喷不宜过多,不得流淌;

(5) 先做样板,甲乙业主检验认可后,并取得甲方及监理提供的大面积施工许可证,方能大面积施工;

(6) 口角砖交接处呈 45°,在面砖背面采用粘接胶:水泥:砂 0.7~0.8:1:1 的胶砂浆厚度在 5~8mm 左右贴上后,用灰铲柄轻轻敲打,使之附线再用开刀调整竖缝,并用小杠通过标准点调整平面垂直度。

不宜冬季施工。按国家标准,连续 7 昼夜平均气温低于 5℃时不得进行外墙外保温粘贴面砖施工。

235. 为什么在保温层上粘贴面砖,一定要用专用面砖粘合剂？

在 ZL 胶粉聚苯颗粒保温材料外保温面层上进行粘贴面砖与在坚实的混凝土基层上粘贴面砖使用条件是不同的。由于面砖的热膨胀系数与 ZL 胶粉聚苯颗粒保温材料的热膨胀系数有很大的差异,相应地,由温度变化引起的热应力变形差异也很大。因此,在 ZL 胶粉聚苯颗粒保温材料外保温面层上粘贴面砖,在选择胶粘剂时,除要考虑耐候性、耐水性、耐老化性好、常温施工等因素外,还必须考虑两种硬度、密度不同的材料在使用过程中由温度变化而引起的不同形变差异而造成的内应力。选用的胶粘剂应能通过自身的形变消除两种质量、硬度、热工性能完全不同的材料的形变差异,才能确保硬度大、密度高、弹性模量大、可变形性低的面砖不脱落。

面砖的温度变形系数 $a=1.5\times10^{-6}/℃$，即温度每上升或下降 1℃，1m 长的面砖胀缩 0.015mm；而 ZL 胶粉聚苯颗粒保温浆料试块的温度可变形系数为 $a=1.3\times10^{-4}/℃$，即温度每上升或下降 1℃，1m 长的聚苯板胀缩 0.13mm。因此，就温差变形而言，ZL 胶粉聚苯颗粒保温浆料与面砖相差近 100 倍。经反复现场实测，我们得出结论，当面砖胶粘剂在使用条件下满足 2‰以上变形率时，才能保证保温、面砖材料不开裂，达到消除材料温差内应力目的。振利公司生产的面砖胶粘剂具有相当的粘结强度，其可变形量为 5‰～1%，可以确保面砖不会因温差形变而造成脱落。

236．专用面砖粘合剂的特点是什么？其性能指标如何？

专用面砖粘合剂的特点主要表现在其可变形量小于抗裂砂浆而大于面砖的温差变形量，完全能够通过自身的形变缓冲两种质量、硬度、热工性能完全不同的材料的形变差异，确保面砖不会因温差形变而造成脱落。其性能指标见表 44。

ZL 保温墙面砖专用胶粘剂的主要性能指标   表 44

项　　目		单　　位	技　术　指　标
胶液在容器中状态			搅拌后均匀、无结块
胶粘剂稠度		mm	70～110
拉伸胶接强度达到 0.17MPa 时间间隔	晾置时间	min	不小于 10
	调整时间	min	大于 5
拉伸胶接强度		MPa	≥0.90
压折比			≤3.0
压缩剪切强度	原强度	MPa	≥1.00
	耐温 7 天(d)	%	强度比不小于 70
	耐水 7 天(d)	%	强度比不小于 70
	耐冻融 25 次	%	强度比不小于 70
线性收缩率		%	≤0.3

237．ZL 保温墙面砖专用胶液的性能测试数据是什么？

ZL 保温墙面砖专用胶液的性能测试数据如表 45。

ZL 保温墙面砖专用胶液测试数据   表 45

编号	检测日期	检测报告编号	检测项目	检测结果	检测单位
1	2001.03.20	JN 2001—149	收缩率、原强度、耐温、耐水、耐冻融	符合 DBJ01-37-1998 标准中合格品要求	北京市建筑材料质量监督检验站
2	2001.10.10	200130751	弹性模量	0.66×10^4 MPa	国家建筑材料测试中心

238．柔性防水面砖嵌缝材料的特点是什么？其性能指标如何？

柔性防水面砖嵌缝材料的柔性设计是为了能有效地释放面砖及粘结材料的热应力形变，满足整个系统逐层向外释放应力的柔性变形的技术理念，能够防止各种变形应力的集中发生。其主要性能指标见表 46。

柔性防水面砖嵌缝材料的主要性能指标　　　　表46

项　目	指　标	项　目	指　标
可操作时间	3h	憎水性	>95%
拉伸粘结强度	>0.8MPa	可变形性	>5‰
浸水后拉伸粘结强度	>0.6MPa		

239．ZL胶粉聚苯颗粒保温体系饰面粘贴面砖的构造设计机理是什么？

（1）从保温体系来说，由于ZL胶粉聚苯颗粒保温材料做外墙外保温技术采取逐层渐变的柔性无空腔构造，能够使得整个保温层与高层建筑结构有机地成为一个整体，并均处在一种较为安定的状态中。这种状态会使得通过保温体系传导到饰面面砖的热应力变形较小，并被变形量较大的面砖粘结剂吸纳，从而不会使热应力从四周累加而使面砖掉落。

（2）从各层构造看，由于面砖胶粘剂是与保温体系的抗裂防护层和面砖粘结，各构造层的变形指标为：

抗裂防护层为5‰；面砖粘结剂为5‰；面砖为1.5/10000。

上述各层弹性模量变化指标相匹配，同样满足逐层渐变的柔性抗裂原则，面砖粘结剂的可变形量小于抗裂砂浆而大于面砖的温差变形量，完全能够通过自身的形变消除两种质量、硬度、热工性能完全不同的材料的形变差异，从而进一步确保了每块面砖像鱼鳞一样独立地释放应力，不会因温差形变而造成脱落。

240．ZL胶粉聚苯颗粒保温体系饰面层粘贴面砖的抗震试验结果是什么？

2001年8月29日，由中国建筑科学研究院工程抗震所与铁道部科学研究院铁建所共同组织进行了ZL胶粉聚苯颗粒外墙外保温面砖系统抗震试验。其结果如下：

（1）ZL胶粉聚苯颗粒保温材料与建筑物墙具有极好的粘结能力，抗震性能优良，其柔性构造能够缓解地震力对面层的冲击力；

（2）保温墙面砖专用粘结砂浆的弹性设定值比较适宜，可以确保面砖在罕遇强度等级地震的振动作用下不开裂、不脱落；

（3）采用ZL胶粉聚苯颗粒保温材料外保温技术作外墙外保温，并在饰面粘贴面砖是可行的；

（4）从抗震结果看，在舒乐舍板表面粘贴面砖，其重量荷载约为90kg/m²，在地震力的影响下，其重力使穿透腹丝的斜插钢丝形成切割聚苯板的破坏作用。这一结果表明，在舒乐舍板表面粘贴面砖存在一定的隐患；

（5）在无网聚苯板保温墙面上粘贴面砖，将在其面层增加约50kg/m²以上的重量荷载，无法满足地震破坏力的要求，所以在无网聚苯板表面粘贴面砖未纳入本次抗震试验。

241．ZL胶粉聚苯颗粒保温体系饰面层粘贴面砖的抗冻融、压剪强度和粘结强度实验结果是什么？

为了解ZL胶粉聚苯颗粒保温材料外保温面层粘贴面砖的耐冻融性能，并同时检测体系冻融后的压剪强度和拉伸强度，分两组分别成型了4块、3块试块，其样品制备如下：在一块500mm×500mm×50mm的混凝土试板上，抹上45mm厚的ZL胶粉聚苯颗粒保温浆料，之后抹上抗裂砂浆压耐碱网格布，并用粘结砂浆贴面砖，在温度25℃、湿度60%条件下养护14天。其实验步骤为：冻融实验严格按照GBJ—82第三章抗冻性能实验方法进行；压剪强度实验按照 JC/T 547—94 中方法进行；粘结强度实验按 JGJ 110—97 中方法进行。实验结果如表 47。

表 47

序 号	检验项目	要 求	检验结果	单项判定	备 注
2 组	耐冻融(次)	25 次冻融无破损及裂缝	60	合 格	
1	压剪强度(MPa)	>0.7	0.78	合 格	无一破损、裂缝
2			0.72	合 格	
3			0.73	合 格	
4			0.75	合 格	
1	粘结强度(MPa)	>0.4	0.46	合 格	
2			0.50	合 格	
3			0.41	合 格	

从表 36 可以看出，本体系有良好的耐冻融性。实验结果进一步表明，通过冻融后，该体系的压剪强度、粘结强度并没有降低，更好地证明了该体系的实用性。

242．ZL 胶粉聚苯颗粒保温体系饰面层粘贴面砖的现场拉拔试验结果是什么？

2001 年 7 月 26 日，对山东临沂桃源大厦高层外墙外保温工程饰面面砖的粘结强度进行了现场测试。依据标准为 JGJ 110—97《建筑工程饰面砖粘结强度检验标准》，主要测试仪器为数显示粘结强度检测仪。测试结果见表 48。

表 48

编 号	龄 期(d)	受拉面积(mm²)	黏结力(kN)	黏结强度(MPa)	平均强度(MPa)	实验部位	破坏状态	备 注
1			2.40	0.56		28 层西侧	正 常	
2			2.09	0.49	0.54		正 常	
3			2.40	0.56			正 常	
4			3.12	0.73		25 层南侧	正 常	
5			2.34	0.55	0.64		正 常	
6			2.72	0.64			正 常	
7			3.62	0.85		22 层西侧	正 常	
8	28	4275	2.86	0.67	0.73		正 常	
9			2.85	0.67			正 常	
10			2.44	0.57		15 层北侧	正 常	
11			1.62	0.38	0.48		正 常	
12			2.14	0.50			正 常	
13			1.80	0.42		3 层北侧	正 常	
14			2.20	0.51	0.48		正 常	
15			2.25	0.53			正 常	

从现场实测数据来看,ZL胶粉聚苯颗粒高层建筑外墙外保温体系面层粘贴面砖的粘结强度达到了国家行业的检验标准,并具良好的柔韧变形性,更好地说明了该技术的安全可靠性。

第五节 干挂石材饰面做法

243. ZL胶粉聚苯颗粒保温材料饰面干挂石材的构造做法是什么?

ZL胶粉聚苯颗粒保温材料饰面干挂石材的基本构造做法如图17。

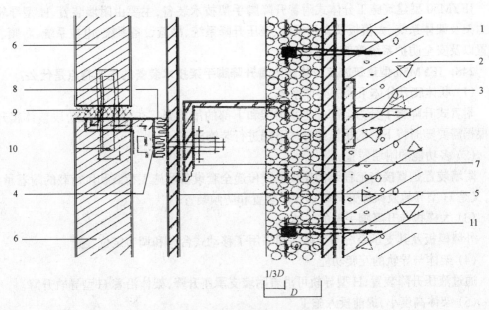

图17 基本构造做法示意图

1—ZL胶粉聚苯颗粒保温材料;2—混凝土墙外表面刷界面剂;3—预埋件;4—不锈钢角铁;5—竖龙骨;6—装饰石材;
7—横向支撑角钢;8—弹性垫块;9—嵌缝油膏;10—不锈钢插件;11—金属六角网与墙上射钉绑扎

244. 在干挂石材工程中,采用ZL胶粉聚苯颗粒保温材料进行保温的优势是什么?

在干挂石材的外墙外保温工程中,首先要安装固定挂件。由于这些固定挂件密度较大,而且要穿透保温层,如果在此基层上安装聚苯保温板等材料,必须要反复裁板,施工难度较大;而采用ZL胶粉聚苯颗粒保温浆料施工,可采用现场涂抹的方法,将挂件接头留出即可,也可采用分层安装石材后,在对石材与墙体空腔中灌注ZL胶粉聚苯颗粒保温浆料的方法。总之,在干挂石材工程中,采用ZL胶粉聚苯颗粒保温材料具有施工灵活性好、材料利用率高、防火性能高、工程质量好、施工速度快等优势。

第六节 施工机具

245. ZL胶粉聚苯颗粒保温材料及其外墙外保温成套技术施工应用的机具设备有哪些?

(1)吊篮或装修用爬升脚手架安装完毕,经调试运行安全无误、可靠,满足施工作业要求,并配备专职安全检查和维修人员;

(2) 强制式砂浆搅拌机、垂直运输机械、水平运输手推车、手提式搅拌器、射钉枪等；

(3) 常用的抹灰工具及抹灰的专用检测工具：经纬仪及放线工具、水桶、剪刀、滚刷、铁锹、扫帚、手锤、壁纸刀、托线板、方尺、探针、钢尺等。

246．ZL胶粉聚苯颗粒保温材料屋面保温施工工具有哪些？

施工用垂直运输设备、砂浆搅拌机(200L—325L)、手推车、水桶、平锹、木杠、钢卷尺、墨线盒及常用抹灰工具、压辊。

247．JFYM50型建筑施工分体式附着升降脚手架技术装备的结构组成是什么？

JFYM50型建筑施工分体式附着升降脚手架技术装备，主要由附墙装置、H型导轨、主承力架及架体系统、大模板及支承系统、液压升降系统、吊篮设备系统、电控系统、防倾、防坠装置以及安全防护系统等部分组成。

248．JFYM50型建筑施工分体式附着升降脚手架技术装备的主要特点是什么？

(1) 联体爬升分体下降的架体系统

附着式升降脚手分为上部的主承力架和下部的吊篮架。在结构施工阶段整体爬升，也可根据需要随时将下部的吊篮架分体下降进行装饰施工。

(2) 多功能的附墙装置

附墙装置是直接与工程结构连接承受传递全套设备及施工荷载和风荷载的附着承力装置，又是H型导轨及架体升降时的导向装置和防倾装置。

(3) 大模板与升降脚手架的一体化

外墙模板及其支承系统与架体之间采用了移动式台车和调节定位装置。

(4) 架体与导轨的互爬功能

通过液压升降装置，H型导轨可沿着附墙支承座升降，架体沿着H型导轨升降。

(5) 架体高度小，提前投入施工

首层就可以安装主承力架投入使用。

(6) 120系列的无背楞大模板

具有刚度大、强度高、自重轻、附件少、操作方便，能作为清水混凝土模板使用。

(7) 液压升降系统

采用便携式油缸和移动式泵站，通过电控手柄操作，可以实现架体的单片、多片和整体的升降。爬升机构具有自动导向、自动复位的锁定功能，升降平稳。

(8) 架体下降时的吊篮功能

当架体下半部作为吊篮架进行外墙装饰施工时，可实现多电机同步控制升降。

(9) 完备的安全措施

附着式升降脚手架除装有防倾、防坠装置外，在液压系统中还装有液压锁和过载保护。当下部架体作为吊篮架分体下降时，还装有防倾斜、防断绳的安全锁。

249．JFYM50型建筑施工分体式附着升降脚手架技术装备的主要技术性能参数是什么？

(1) 脚手架架体系统

架体支承跨度：≤8m

架体最大高度：≤14m

架体宽度：0.8m

模板台车移动宽度:0.75m

步距:1.85~3.0m

步数:4

(2) 大模板系统

采用120系列无背楞大模板,随架体同时升降,也可配套使用普通型全钢大模板。

(3) 电控液压升降系统

额定压力:16MPa

油缸行程:500mm

升降速度:500mm/min

油缸推力:500kgf

双缸同步误差:≤12mm

电控手柄操作:可实现单缸、双缸、多缸动作

(4) 爬升机构

爬升机构具有自动导向、自动复位的锁定功能,可以实现架体与导轨互爬的动作。

(5) 吊篮设备系统

当架体下半部作为吊篮架进行外墙装饰施工时,可实现多电机同步控制升降。

(6) 安全装置

防下坠装置下坠距离:≤50mm

防坠落装置承载能力:≥160kN

防倾装置导向距离:≥2.2m

吊篮安全锁防倾斜角:≤8°

250．JFYM50型建筑施工分体式附着升降脚手架技术装备的工艺流程如何？

(1) 附着式升降脚手架和大模板的安装

首先按要求在外墙体上预埋好穿墙螺栓的套管,当结构首层墙体混凝土强度达到10MPa要求后,即可在预埋孔处安装穿墙螺栓和附墙装置,并在起重设备的配合下,安装主承力架及导轨、外墙模板及支承架、液压升降装置、防护栏杆、脚手板和安全网等。当二层外墙钢筋网绑扎完成后,即可进行内、外墙模板的安装就位,检查合格后浇注外墙混凝土。

(2) 拆外墙模板和导轨的爬升

当二层的外墙混凝土强度达到脱模要求后,可将外墙模板支承架后移或吊走模板,此时可安排浇注顶板混凝土,并在预埋孔处安装穿墙螺栓和附墙装置,操作液压升降装置,将导轨爬升到上一个楼层位置。

(3) 架体的爬升

当导轨爬升到位后,再操作液压升降装置将架体爬升到上一个楼层位置,然后再移动支承架将外墙模板安装就位,并浇注外墙混凝土。

重复以上工艺流程直至结构封顶。

(4) 外墙装饰时的准备工作

当主体结构施工完成后,在塔吊的配合下拆除外墙模板和支承架、导轨、液压升降系统。安装吊篮提升机、安全锁、动定滑轮组、钢丝绳和电控系统。

(5) 外墙装饰时的吊篮施工

操作吊篮电控系统,拆除上下架体中间的连接螺栓,上部架体作为外挂架,下部架体作为吊篮架,即可进行外墙的装饰施工。

(6) 架体的最后拆除

当外墙装饰施工基本完成后,在地面随即可以拆除下部架体(吊篮架)。在屋面临时安装常规吊篮用的屋面悬挂装置,重新安装钢丝绳和安全锁,操作吊篮电控系统,拆除架体的附墙装置,将上部架体降至地面后拆除。

251. 采用 JFYM50 型建筑施工分体式附着升降脚手架技术装备进行施工作业,其技术经济优势是什么?

JFYM50 型建筑施工分体式附着升降脚手架技术装备适应高层建筑结构和装修施工的需要,在专门设计制作的 18m 高的爬架试验台上反复升降试验成功后,在北京林业大学学生宿舍楼工程和清华同方科技广场等大型工程中应用。通过实践表明,这种全新的爬架爬模成套技术与国内外同类技术相比,设计新颖,设施完备,安全高效。附着式升降脚手架技术降低和解决了落地式脚手、挑脚手、挂脚手架成本高、周期长不能自行升降以及吊篮不能用于结构施工等问题;大模板技术加快了施工进度、提高了工程质量、减少了装修作业,JFYM50 型建筑施工分体式附着升降脚手架技术装备将上述两项技术有机地结合起来,无疑将会给高层建筑施工带来更高的技术经济效益和社会效益。

(1) 采用该技术,减少了高空危险作业的工作量,保证了安全生产、文明施工;

(2) 外墙模板的定位准确可靠,提高了外墙混凝土施工质量及混凝土结构施工工艺水平;

(3) 减少塔吊吊次,为施工管理带来综合效益;

(4) 在结构施工后期可插入外墙装修施工,在外墙装修阶段不影响屋面防水施工,可缩短整个施工工期;

(5) 与其他爬架相比,架体为分体式,高度小,首层即可投入使用,架设及拆除方便、快速。现场整洁,进出场占用场地小、时间短。

第七节 质量要求

252. ZL 胶粉聚苯颗粒保温材料的产品质量保证措施主要有哪些?

为了确保产品质量的合格,北京振利高新技术公司于 1998 年通过了 ISO9002:1994 国际质量管理体系认证,又于 2001 年 8 月通过了 ISO9001:2000 国际质量管理体系认证,形成了可靠的质量保证体系。其产品质量保证措施如下:

(1) 拥有完善的产品标准,详细地规定了产品的技术要求、检验方法、检验规则以及标志、包装、运输、贮存条件等。1999 年被北京市质量技术监督局授予"北京市标准化工作先进单位"光荣称号;2001 年 5 月,产品标准在北京市质量技术监督局注册。

(2) 拥有一支多学科的质量检验队伍,拥有各种不同功能类别的试验室,拥有一整套完善的质量检验手段,包括原材料进厂检验、半成品检验、型式检验和成品出厂检验等,所有材料性能均要符合设计要求,产品出厂后附有 CMA 标志的材料检测报告和出厂合格证,确保产品质量得到保证并确保顾客满意;

(3) 对于生产过程中的所有关键工序按特殊工艺进行控制,制定生产工序作业指导书,

并对该过程进行过程检验,严格做到不合格不转序,确保产品质量;

(4) 以"诚信为本、长期服务"的原则,积极开展售后工作,提供施工技术指导、采集顾客意见、处理顾客投诉,并将顾客满意或不满意作为质量管理体系业绩的一种测量。

(5) 加强现有产品的技术改进和完善以及新产品的开发设计工作,对引进产品的转化、定型产品及老产品改进等的全过程实施控制,确保产品性能更好地满足相关法律法规要求和顾客的要求。

253. ZL胶粉聚苯颗粒保温材料及其外墙外保温成套技术的施工检测控制点是什么?

ZL胶粉聚苯颗粒保温材料及其外墙外保温成套技术的施工检测控制点是:

(1) 基层处理。要求墙面清洗干净,无浮土,无油渍、空鼓及松动,风化部分剔掉,界面拉行均匀,粘接牢靠。

(2) ZL胶粉聚苯颗粒浆料每遍的厚度控制(不大于20mm)与平整度控制。要求达到设计厚度,无空鼓、无开裂、无脱落,墙面平整,阴阳角、门窗洞口垂直、方正。

(3) 抗裂砂浆的厚度与网格布搭接控制。抗裂层厚度为3~5mm,网布无明显接茬、无明显抹痕,网布无漏贴、露网现象,墙面平整,门窗洞口、阴阳角垂直、方正。

254. ZL胶粉聚苯颗粒保温材料及其外墙外保温成套技术的施工质量要求是什么?

(一) 保证项目

(1) 所用材料品种、质量、性能符合设计与现行国家标准的要求;

(2) 保温层与墙体以及各构造层之间必须粘结牢固,无脱层、空鼓、裂缝,面层无粉化、起层、爆灰等现象。

(二) 基本项目

(1) 表面平整、洁净、接茬平整、无明显抹痕、线脚,分格线顺直,清晰。

(2) 墙面所有门窗口、孔洞、槽盒位置和尺寸正确,表面整齐,管道后面抹灰平整。

(3) 分格条,[缝]宽度与深度均匀一致,条[缝]平整光洁,棱角整齐,横平竖直,通顺,滴水线[槽]、流水坡向正确,线[槽]顺直。

(三) 允许偏差项目及检验方法

允许偏差项目及检验方法见表49。

表49

项 次	项 目	允许偏差(mm)	检 验 方 法
1	立面垂直	5	用2m靠尺及塞尺检查
2	表面平整	4	用2m靠尺及塞尺检查
3	阴阳角垂直	4	用2m靠尺及塞尺检查
4	阴阳角方正	4	用2m靠尺及塞尺检查
5	分格条(缝)平直	3	用5m小线和尺量检查
6	立面总高度垂直	$H/1000$且不大于20	用经纬仪吊线检查
7	上下窗口左右偏移	不大于20	用经纬仪吊线检查
8	同层窗口上、下	不大于20	用经纬仪吊线检查
9	保温层厚度	不允许有负偏差	用探针、钢尺检查

质量评定应执行《建筑工程质量检验评定标准》(GBJ 301—88)。

255. 窗户后塞口施工外保温有哪些特殊的检测标准?

窗户后塞口施工除按常规施工验收规范的要求检测外,同时还必须检查以下项目:

(1) 两对角线长度差的允许偏差不应大于 5mm;

(2) 洞口尺寸长度的允许偏差不应大于 2mm;

(3) 洞口尺寸宽度的允许偏差不应大于 2mm;

(4) 与窗户交接口到洞口外侧的距离的允许偏差不应大于 2mm;

(5) 同层窗洞口上下水平高度差的允许偏差不应大于 20mm;

(6) 同列窗洞口左右垂直度的允许偏差不应大于 20mm。

256. 屋面保温的质量标准是什么?

(1) 基层屋面及屋面工程应符合现行国家标准《建筑质量检验评定标准》(GBJ 301—88);

(2) 保温浆料与基层粘结牢固;

(3) 保温层的材料及厚度应满足设计要求。

第八节 工程应用

257. ZL 胶粉聚苯颗粒保温材料及其成套技术的应用现状如何?

截止到 2001 年 11 月底,ZL 胶粉聚苯颗粒外墙保温成套技术及材料已在北京、天津、河北、山东、山西、辽宁、江苏、浙江、新疆等地区和城市 300 多个工程进行了正式使用,面积达 300 多万 m^2,其中高层建筑外墙外保温工程 100 多万 m^2;同时自过渡地区新的建筑节能规定公布以来,在夏热冬冷地区的工程试点面积正在不断扩大。在上述已完成的推广工程中,采用 ZL 胶粉聚苯颗粒外墙保温成套技术及其材料,工程质量良好,热工性能达标,无任何用户出现投诉开裂问题,取得了很好的经济效益和社会效益。因此,可以说该成套技术是目前外墙保温技术中抗裂防护性能最为可靠的做法之一。

258. ZL 胶粉聚苯颗粒外墙外保温技术是在哪个工程上首次应用,其基本情况如何?

ZL 胶粉聚苯颗粒外墙外保温技术 1998 年 6 月在北京花乡花卉综合服务楼 1#楼工程首次应用。该工程特点如下:

北京花乡花卉综合服务楼 1#楼工程位于丰台区纪家庙花乡郑王坟村东,由中国建筑北京设计研究院设计、纪家庙农工商联合公司投资开发、曙晨工程建设监理有限责任公司监理、益丰建筑(集团)公司承建。总建筑面积 5314.1m^2,6 层砖混结构。该工程原设计为外墙内保温,考虑到砖墙由于砌筑砂浆不饱满可能出现渗漏等情况,经甲方与设计协商,将原方案改为外墙外保温,决定采用 ZL 胶粉聚苯颗粒外墙外保温技术。经几年的工程实际考验,该技术保温效果好、墙面无裂缝,并被用户首肯应用于旧房改造工程。

259. ZL 现浇混凝土复合有网聚苯板聚苯颗粒外墙外保温技术是在哪个工程上首次应用,其基本情况如何?

ZL 现浇混凝土复合有网聚苯板聚苯颗粒外墙外保温技术在天津香榭丽舍高档公寓工程中首次应用。该工程特点如下:

香榭丽舍高档公寓位于天津市塘沽区营口道与福建路交口处,由天津天马国际建筑设计院设计,天津民安物业有限公司投资开发,天津三建建筑工程有限公司承建。总建筑面积

19850m², 地下一层, 地上 18 层, 一、二层为商场餐饮, 3~18 层为住宅, 总高 62m, 是一座典型的欧式现代化住宅。

香榭丽舍高档公寓为框剪结构, 外墙是异形柱加 200mm 厚混凝土空心砌块填砌均匀。原采用方案为聚苯板插铅丝网随主体浇注的外墙外保温做法, 反映出来的问题主要有:

（1）在浇注滑模过程中, 易出现错位, 板缝高度相差几个公分。

（2）由于浇注时不同部位的侧向应力不同, 聚苯板和铅丝网承受的压力不同, 有的地方聚苯板被紧紧压缩与铅丝网扎在一起, 有的地方聚苯板与铅丝网间隙很大, 在抹水泥砂浆找平时, 必须抹得很厚, 达 3~4cm, 这样铅丝网便无法控制水泥砂浆的空鼓和裂口。

（3）铅丝网网眼尺寸 5×5cm, 较大, 易出现沿对角线方向的裂口。

（4）两聚苯板之间须绑扎加强网, 如处理不当, 板缝间易出裂缝。

（5）此做法在门窗口部位不做保温, 既产生热桥, 又易空裂。

（6）聚苯板上抹砂浆粘结力不好, 砂浆收缩性不稳定。

（7）聚苯板插钢丝, 热桥太多, 热损失很大。

为此, 甲方、监理方和承建方对天津市场上的各种外墙外保温材料的工艺做法、质量保证及价格水平等进行了认真的调查, 走访建筑设计院, 参观不同做法的保温、抗裂效果, 经市建委墙改办和建工局的推荐, 并几次到北京振利高新技术公司实地考察, 决定采用 ZL 现浇混凝土复合有网聚苯板聚苯颗粒外墙外保温技术进行外墙外保温施工进行补救, 取得了较好效果, 各方面较为满意。

260. ZL 现浇混凝土复合无网聚苯板聚苯颗粒外墙外保温技术是在哪个工程上首次应用, 其基本情况如何?

ZL 现浇混凝土复合无网聚苯板聚苯颗粒外墙外保温技术于 2000 年 8 月在北京建筑设计研究院高层宿舍楼首次应用。该工程特点如下:

北京市建筑设计研究院 22 层住宅楼是全国第一栋采用无网聚苯板组合现浇混凝土的高层住宅工程, 该工程共 22 层, 楼层总高度 64.5m, 建筑面积 16170.62m², 工程于 2000 年 10 月竣工。工程的甲方、设计方为北京市建筑设计研究院, 施工方为中建一局华中建筑有限公司。

无网聚苯板组合浇筑混凝土体系就是在绑扎完现浇混凝土剪力墙钢筋网架之后, 安装聚苯泡沫保温板于网架外侧, 之后安装内外模板, 之后进行现浇混凝土作业, 待混凝土固化后拆模便形成了带有膨胀聚苯泡沫塑料板外面层的全现浇混凝土结构。这种做法有在冬季可以施工浇注等优点, 但通过工程实践也反映出一些问题:

（1）由于聚苯板表面强度低在支护和拆卸外侧模板时, 聚苯板表面不可避免受到损坏, 如阳角和外侧板的下支撑架处及穿墙螺孔等部位。

（2）由于现浇混凝土的侧压力下部高上部低, 聚苯板受压高的部位向外推移, 表面不平整度加大。

（3）混凝土在浇注时难以避免出现漏浆, 聚苯板外表面受到污染。

（4）由于聚苯板是随结构一起施工, 施工周期较长, 聚苯板受阳光曝晒后出现表层粉化, 每年粉化层厚约为 1.5mm。

上述问题综合起来就造成了聚苯保温板的平整度差, 表面破损污染状态以及墙角、阳台角的垂直度不经过必要的修正, 达不到验收标准, 如墙面与楼角处的最大偏差超过 ±6cm,

超过预期的±1cm以内的要求,若不经过大面积修补重新找平,将无法进行面层防护层的施工。

ZL现浇混凝土复合无网聚苯板聚苯颗粒外墙外保温技术彻底地解决了该工程中上述存在着组合浇注拆模后,聚苯板面受到损坏的问题,同时解决了基层平整度不足的问题;喷砂界面剂的应用解决了聚苯板表层粉化及污染问题;采用聚苯颗粒保温抹灰材料进行复合修补是防止墙面抗裂的主要手段。

261. ZL胶粉聚苯颗粒保温材料高层外墙外保温技术是在哪个工程上首次应用,其基本情况如何?

ZL胶粉聚苯颗粒保温材料高层外墙外保温技术于2000年5月在山西太原邮电管理局5栋高层塔式全现浇混凝土工程中首次大面积应用。其中双塔东街三栋、双塔西街两栋,墙体外保温面积为49800m²,地下室顶板保温面积3160m²,建筑涂料施工面积58000m²,结构形式为混凝土剪力墙结构,墙体厚度250mm,主体分别由山西四建、中铁三局、中铁十二局、沂洲地建承包,工程投资3亿元人民币,由山西省建筑标准设计研究院设计,外墙保温、屋面保温工程均由振利公司承包施工。现场施工作业面较长、施工场地小,施工措施采用电动吊篮,四个立面逐步推进流水作业。从施工开始已有许多建筑业同行前来参观,在施工现场进行观察咨询,工程按进度完成后,深受当地建筑界的好评。

262. ZL框架轻体结构复合外墙外保温技术是在哪个工程上首次应用,其基本情况如何?

ZL框架轻体结构复合外墙外保温技术于2000年9月首次在天津云琅新居工程应用。该工程特点为:

天津云琅新居工程坐落在天津市和平区卫津路南开大学对面,由天津开发区集团总公司投资开发,天津市建筑设计院设计,天津一建公司承建。结构类型为现浇混凝土框架剪力墙,建筑面积4.2万m²,是集办公、住宅、公寓、商场为一体的综合性建筑。该建筑由A、B、C三区组成,为U字形欧式风格建筑,地下一层,地上15层,其中沿街C区为综合性办公楼,内侧A、B区为高档住宅,中心绿地为庭院式欧式园林。根据天津市建筑设计院原图纸设计,A、B区外墙保温采用100mm厚的粘土空心砖。具体做法是在现有混凝土外墙砌筑粘土空心砖,并且在每1m处加混凝土板带一道,表面用1:1水泥砂浆抹面,最后刷外檐防水涂料。考虑到此种做法有如下几个缺点:①操作较繁琐,劳动强度大,施工困难;②施工周期较长,不能按设计要求交工;③质量难保证;④混凝土板带处极易造成冷桥。外墙外保温是现代住宅楼保温的一个关键环节,尤其对高层更要引起高度重视和注意。如果处理不得当,不但影响外墙保温的效果,而且外墙表面的裂缝无法处理,给今后的维修和竣工验收造成很大困难和后患。经市墙改办、建工局推荐和多方技术人员反复实地考察,在征得建筑设计院、甲方、监理等有关单位的同意后,决定取消以上做法,采用北京振利高新技术公司的"ZL胶粉聚苯颗粒外墙外保温体系"。工程竣工后,经一冬一夏考验,无脱落、无裂缝,证明了ZL框架轻体结构复合外墙外保温技术是目前国内防裂技术较先进的外墙外保温做法。

263. ZL混凝土空心砌块结构复合外墙外保温技术是在哪个工程上首次应用,其基本情况如何?

ZL混凝土空心砌块结构复合外墙外保温技术于1999年9月首次在北方工业大学青年公寓楼工程应用。其基本情况如下:

该工程位于北方工业大学宿舍区内,是一栋六层教师宿舍楼,建筑面积为 $3300m^2$,结构为混凝土空心砌块墙体,墙体厚度 190mm,由北方工业大学投资建设、鑫成监理总公司监理、北京中色北方建筑设计院设计、新兴建设开发总公司承建施工。本工程采用外墙外保温施工工艺,所用材料为 ZL 胶粉聚苯颗粒保温材料。工程竣工验收后,经一冬一夏实践验证,该技术确保了施工质量和效果,有效地解决了混凝土空心砌块墙体渗水等现象,保温、抗裂性能可靠,得到广大同行的认可。

264. ZL 胶粉聚苯颗粒保温材料斜屋面保温技术是在哪个工程上首次应用,其基本情况如何?

ZL 胶粉聚苯颗粒斜屋面保温技术于 1998 年 4 月在北京市吉庆里 7♯公寓楼首次应用。

吉庆里 7♯楼工程由住总开发部开发建设,住总设计院设计,住宅二公司第七项目部承建。该楼按节能 50% 要求进行设计,为跃层式住宅楼,楼层四至十层,局部十一层,其屋面坡度 $i=0.625$,坡度角 32°,坡度角较大,如果选用聚苯板做保温材料,由于其表面软卧的强度低,与混凝土基层的粘结不牢固,且水泥砂浆表面的龟裂现象也很难避免。为了保证坡屋面的保温层、防水层的质量,使整体工程质量不出现隐患,决定选择保温性能好、抗风压能力强、表面强度高、与混凝土基层和油毡瓦粘贴牢固且使用寿命长的 ZL 胶粉聚苯颗粒保温材料替代聚苯板。

265. ZL 胶粉聚苯颗粒既有建筑节能改造和修裂技术是在哪个工程上首次应用,其基本情况如何?

ZL 胶粉聚苯颗粒既有建筑节能改造和修裂技术在海军周庄子干休所住宅楼工程首次应用。其基本情况如下:

海军周庄子干休所住宅楼工程系北京市四委一办第二期建筑节能 50% 外墙外保温试点工程。工程建设地点位于丰台路口(望园小区),占地 24.30 亩,规划建设七栋六层,砖混住宅楼,共建住宅房 266 套,建筑面积 $23888m^2$。于 1992 年底开工,1994 年 10 月全部竣工验收,1995 年投入使用。根据北京市节能部门的要求,该工程墙体节能全部采用水泥聚苯板外墙外保温,经有关部门跟踪测试节能效果良好,达到了设计要求。经过近 4 年的使用外墙面龟裂严重,虽然采用很多措施,但一直未能解决根本问题,尤其近二、三年墙面出现大面积的龟裂,阴雨天部分墙面漏水,住户内墙发现渗漏、粉化现象,引起住户的担忧和不满。

1999 年 4 月 12 日,由海军组织,建设部质监中心抗震办公室,北京设计研究院研究所,机械部设计研究院,市质量监督总站,全军建筑工程质量监督总站等 13 家军内外单位 18 名高级工程师组成的专家审定委员会,推荐使用振利公司生产的抗裂剂。振利公司研制的水泥砂浆抗裂剂用于内、外墙保温材料的弹性抗裂层,有很好的延伸抗裂特点,因其含有不同弹性模量的纤维物质,其与玻纤网格布复合后可形成耐变形层,解决由于表面防护材料与保温材料导热系数不一致所产生的裂纹,使面层砂浆具有抗裂防水性能,可消除面层的空鼓、开裂,剥落等问题,从而提高工程质量。

经过四年的工程实际表明,采用 ZL 既有建筑节能改造和修裂技术,从根本上解决了外墙外保温龟裂纹这种工程质量通病,相对节约了工程造价,减少了很多不必要的施工程序,可做到一次验收合格,同时很好地保护工程主体结构,延长建筑物的使用寿命。

266．ZL 胶粉聚苯颗粒外饰面层粘贴面砖技术是在哪个工程上首次应用,其基本情况如何？

ZL 外墙外保温粘贴面砖技术在山东临沂桃源大厦工程首次应用。

山东临沂桃源大厦工程是由临沂市电业局投资兴建的集购物、住房为一体的高层建筑,地处临沂市人民广场繁华闹市区,是一栋地理位置佳、装修档次高的工程。该工程由临沂市勘察设计院设计,山东天源建设集团九公司承建,地下两层,地上二十层,东西长约 60m,南北宽约 41m,总高度为 87.7m,建筑面积为 36000m^2。一至五层为商业用房,结构形式为框架剪力墙,外饰面为干挂花岗岩;六至二十五层为住宅用房,结构形式为框架填充墙,以加砌砌块为主,辅助部分为红机砖,外饰面为在外保温面层上粘贴面砖。

采取 ZL 外墙外保温粘贴面砖技术和材料,保温结构稳定性可靠,为国内首例,其耐久性、抗裂度、阻燃性、方便施工等项指标属国内一流水平,并且在诸多方面克服了许多原材料做法未能解决的问题,如空鼓、开裂、起砂、面砖掉落等。该技术及粘贴面砖的新工艺在临沂地区的采用,得到了山东各界建筑同行的认可,有多家电视台对该新技术和工艺的实际效果进行了宣传报道。

267．ZL 胶粉聚苯颗粒保温材料及其成套技术的用户评价如何？

综合采用 ZL 胶粉聚苯颗粒保温材料及其成套技术的用户意见,其对该材料的评价如下:

(1) 采用 ZL 胶粉聚苯颗粒保温材料及其成套技术进行外墙外保温施工,可减少劳动强度,提高工作效率,操作方法容易掌握。

(2) 施工程序简便,从施工工艺到竣工验收,工人稍加培训即可适宜大面积展开作业,施工质量容易控制,便于创优质工程。

(3) 对主体有缺陷,可直接用保温材料找平修补,避免了以往抹灰过厚脱落等现象。

(4) 杜绝外墙微裂、龟裂和板块接茬裂缝等现象。

(5) 在同为外保温效果相同的情况下,ZL 保温价格较一般外墙外保温成本低,有利于降低房屋建造成本。

(6) 在施工技术方面,材料技术指标先进,各层防护构造合理有序,施工文件齐全,能够考虑众多方面的细部做法。

(7) 材料配套,工艺完备,能够解决目前工程施工中的很多缺陷,是一种较好的新型节能材料。

第五章 其 他

268．编制 ZL 胶粉聚苯颗粒保温材料保温工程补充定额的依据是什么？

在正常的施工条件下，以国家颁发的施工及验收规范、质量评定标准和安全技术操作规程、标准图、通用图等为依据。

269．ZL 胶粉聚苯颗粒材料保温工程概算定额适用范围是什么？

ZL 胶粉聚苯颗粒材料保温工程概算定额可用于寒冷地区、夏热冬冷地区和夏热冬暖地区的新建和扩建工程及既有建筑的节能改造时的外围护结构内、外保温。

270．保温工程报价之前应掌握哪些工程概况？

① 完整的工程图(平、立、剖面图)

② 保温类型(墙、屋面、顶棚)、厚度

③ 工程地点

④ 施工方案

271．ZL 胶粉聚苯颗粒保温材料保温工程材料价格如何取定？

由于建筑装饰材料供应渠道不一，材料供应价格差异较大，本补充定额材料价格采用市场综合参考价格，当它与工程所在地区实际材料价格有差异时，则按本补充定额中材料价格执行。

272．ZL 胶粉聚苯颗粒保温材料保温工程用工和机械消耗量如何取定？

由于 ZL 胶粉聚苯颗粒保温材料保温工程施工工艺简单，采用施工机械相对较少，因此，本补充定额用工和材料消耗量执行二〇〇一年《北京市建设工程概算定额》中装修工程的相应子目。如果与工程所在地区实际有差异，则以所在地定额为准，进行相应的调整。

273．ZL 胶粉聚苯颗粒保温材料保温工程的工程量计算遵循什么？

(一)凡实际发生的施工面积均在计算范围在内。

(二)计算规则：

1．外墙外保温、外墙内保温：

保温工程以保温层中心线内包垂直投影面积计算。饰面层以墙体(含保温层)外边线内包垂直投影面积计算。

外墙高度

(1) 平屋顶带挑檐，从设计标高 ±0.00 算至挑檐板下表面；带女儿墙从 ±0.00 算至屋面板上表面。

(2) 坡屋面带檐口，从设计标高 ±0.00 算至屋面板下表面；砖出檐口，从 ±0.00 算至挑檐上表面。

(3) 女儿墙，从屋面板上表面算至女儿墙压顶下表面。

(4) 地下室墙从地下室底板或梁的上表面算至 ±0.00 标高。

内墙高度

(1) 平屋顶从±0.00或楼板结构面算至上一层结构面。

(2) 坡屋顶从±0.00或楼板结构面算至屋面板下表面。

(3) 地下室墙从地下室底板或梁的上表面算至上一层结构面。

2. 屋面工程

(1) 平屋面按外墙外边线内包水平投影面积计算。

(2) 坡屋面,拱形屋面工程量按平屋面计算并乘以下表50中系数。

表50

	高跨比	1/2	1/3	1/4	1/5	1/6
	坡屋面	1.414	1.202	1.118	1.077	1.054
系 数	拱形屋面	1.414	1.274	1.159	1.103	1.072
	高跨比	1/8	1/10	1/12	1/16	1/20
	坡屋面	1.031	1.020	1.014	1.008	1.005

3. 悬挑楼板、半地下室、过街楼、反入口顶板等工程

按墙的外边线内包水平投影面积以平方米计算,不扣除柱、垛、附墙烟囱、通风道、检查孔、灯槽及吊顶内窗帘盒所占面积,检查孔、通风孔、灯槽、窗帘盒所增加的工料也不得列项目计算。

274. 北京振利高新技术公司的网址名称是什么?其主要内容主要有哪些?

北京振利高新技术公司的网址名称为:北京振利网,其URL为www.zhenli.com.cn,主要内容包括:首页、技术理念、材料研究、公司简介、振利产品、振利技术、工程应用、服务承诺、节能研究、论坛等。该网站为墙体屋面节能的专业性网站,图文并茂,内容十分丰富,充分反映了外墙外保温的前沿观点,详细介绍了北京振利高新技术公司产品、技术、工程应用和服务等全部内容。

275. ZL胶粉聚苯颗粒保温材料及其外墙外保温成套技术的经营合作方式是什么?

ZL胶粉聚苯颗粒保温材料外墙外保温成套技术是北京振利高新技术公司的专利技术,包括ZL胶粉聚苯颗粒外墙外保温技术、ZL胶粉聚苯颗粒复合聚苯板外墙外保温技术、ZL胶粉聚苯颗粒复合钢丝网架聚苯乙烯芯板外墙外保温技术、ZL岩棉聚苯颗粒外墙外保温技术以及ZL框架砌体结构复合外墙外保温技术等多项新型建筑外墙外保温体系,已获国家专利号有:ZL98 207104.3、ZL98 207105.1、ZL98 103325.3、ZL00 123456.0、ZL00 245342.8、ZL01 201103.7、ZL01 279693.x。该成套技术被建设部列入2001年科技成果推广转化指南项目,被国家住宅与居住环境工程中心列入新技术、新产品推广应用项目,经大量工程应用效果良好。为进一步推动我国的建筑节能工作,更好地满足外墙保温快速发展的需要,我公司拟在专利技术不转让的前提下,按照"一省(自治区、直辖市、计划单列市或国务院批准的较大的市)一分公司或总经销"的销售网点设置的战略部署,采取联营、设总经销、建分公司、建分工厂等多种形式,与国内外建筑等领域的相关单位和有识之士进行合作,谋求共同发展。

参 考 文 献

1. 民用建筑节能设计标准(采暖居住建筑部分),中华人民共和国行业标准,JGJ 26—95。
2. 民用建筑节能设计标准(采暖居住建筑部分)北京地区实施细则,北京市行业标准,DBJ—602—97。
3. 外墙外保温施工技术规程(聚苯颗粒保温浆料玻纤网格布抗裂砂浆做法),北京市标准,2000年9月。
4. 建筑节能怎么办？中国建筑业协会建筑节能专业委员会、北京市建筑节能与墙体材料革新办公室,中国计划出版社,1997年10月。
5. 建筑节能34,涂逢祥,中国建筑工业出版社,2001年7月。
6. 民用建筑节能设计手册,杨善勤,中国建筑工业出版社,1997年8月。
7. 墙体传热的三维模拟分析,林海燕,建筑墙体节能保温技术文选,2000年10月。
8. 寒冷地区外墙保温方案优选和搞好建筑节能工作的几点建议,李德荣,中国建筑业协会建筑节能专业委员会'98年会交流资料,1998年10月。
9. ZL胶粉聚苯颗粒保温材料在丽源小区工程的应用,苏群、陈丹林,"河北建设"月刊,2001年1月。
10. 浅谈ZL胶粉聚苯颗粒保温材料是如何解决保温墙面裂缝的,黄振利。
11. 保温墙面裂缝产生的原因和对策,黄振利、朱青、孙合祥。
12. 外墙外保温与外墙内保温的对比优势,黄振利。
13. ZL胶粉聚苯颗粒保温材料技术指标研究,北京振利高新技术公司实验室。
14. ZL胶粉聚苯颗粒保温材料外墙外保温施工工法(YJGF 41—2000),国家级工法,2001年11月。
15. ZL胶粉聚苯颗粒保温材料外墙内保温施工工法(YJGF 40—98),国家级工法,2000年2月。
15. ZL胶粉聚苯颗粒保温材料屋面保温工法。
16. ZL抗裂砂浆玻纤布增强聚苯板外墙保温做法。
17. ZL胶粉聚苯颗粒外保温体系构造图集(ZL20-01)。
18. ZL聚苯颗粒外保温体系构造(冀01J202),DBJT02—28—2001,石家庄市建筑设计院,2001年4月。
19. 胶粉聚苯颗粒外墙外保温图集(晋2001J101),DBJT04—11—2001,山西省建筑标准设计院,2001年7月。
20. 聚苯颗粒浆料高层建筑外墙外保温施工工法,天津市市级工法,2001年2月。
21. ZL胶粉聚苯颗粒外墙外保温构造图集(津2001J、T103),DBT、T29—28—2001,天津市建筑标准设计办公室,2001年11月。
22. 北京振利高新技术公司工程应用报告集。
23. ZL胶粉聚苯颗粒保温材料及高层外墙外保温成套技术评估文件
24. 北京振利高新技术公司ZL胶粉聚苯颗粒外墙外保温技术研究成果。